DESENHO GEOMÉTRICO

Cecília Fujiko Kanegae Yamada

Licenciada e bacharel em Matemática pela
Pontifícia Universidade Católica de São Paulo (PUC–SP)

Coautora de várias obras de Desenho Geométrico, entre as quais:
Desenho Geométrico – Texto & Atividades
(volumes 1 a 4 para o Ensino Fundamental II) e
Desenho Geométrico
(volumes 1 a 4 para o Ensino Fundamental II)

Professora da rede pública do estado de São Paulo

VOLUME 1

editora scipione

editora scipione

Gerência editorial
Maria Teresa Porto

Responsabilidade editorial
Elizabeth Soares

Edição
Márcia Aidar

Assistência editorial
Larissa Cifre (estagiária)

Supervisão de revisão
Miriam de Carvalho Abões

Preparação
Ivonete Leal Dias

Revisão
Salete Brentan

Supervisão de arte
Sérgio Yutaka Suwaki

Edição de arte
Didier D. C. Dias de Moraes

Coordenação de arte
Edson Toyota

Diagramação
Formato Comunicação

Programação visual de capa e miolo
Eliana Kestembaum

Ilustrações
Antonio Robson
Ericson Guilherme Luciano
Fernando Nunes de Araújo
Fernando José Ferreira
João Xavier de Campos

Criação de embalagens
Marisa Martin

Pesquisa iconográfica
Cristiane Marques
Vanessa Manna

Impressão e acabamento
Log&Print Gráfica e Logística S.A.

Av. Otaviano Alves de Lima, 4 400
6.º andar e andar intermediário – ala "B"
Freguesia do Ó
CEP 02909-900 – São Paulo – SP
Caixa Postal 007

DIVULGAÇÃO
Tel. (0XX11) 3990-1810

VENDAS
Tel. (0XX11) 3990-1788

www.scipione.com.br
e-mail: scipione@scipione.com.br

2022
ISBN 978-852626596-7 = AL
ISBN 978-852626597-4 = PR

1.ª EDIÇÃO
(10.ª impressão)

Agradecimentos

Gostaria de agradecer aos professores Antonio Oliva, Carloísa Musso Gomes de Souza, Claudinei Bigaton e Márcia Stochi Veiga pela leitura crítica e à professora Maria de Lourdes Boullon Fuentes pela conferência de respostas.
Também gostaria de agradecer aos herdeiros dos artistas Arcângelo Ianelli e Luiz Sacilotto pelas fotos cedidas.

Dados Internacionais de Catalogação na Publicação (CIP)
(Câmara Brasileira do Livro, SP, Brasil)

Yamada, Cecília Fujiko Kanegae
Desenho geométrico: Ensino Fundamental: volume 1/ Cecília Fujiko Kanegae Yamada. – São Paulo: Scipione, 2007.

1. Desenho geométrico (Ensino Fundamental)
2. Matemática (Ensino Fundamental) I. Título.

07-2715 CDD-372.7

Índice para catálogo sistemático:
1. Desenho geométrico: Matemática: Ensino Fundamental 372.7

Caro aluno

Este livro foi desenvolvido com o objetivo de ajudá-lo a compreender as técnicas empregadas em Desenho Geométrico, abordando os conceitos de Geometria necessários a seu entendimento.

Em cada capítulo são analisados conceitos geométricos e propriedades fundamentais relacionados ao assunto estudado, com técnicas de construções geométricas desenvolvidas passo a passo para facilitar sua compreensão. O domínio de tais técnicas será conquistado gradativamente à medida que os exercícios propostos forem sendo resolvidos.

No desenvolvimento dos exercícios houve a preocupação de se utilizar diferentes recursos, como malhas geométricas e dobraduras, além de exercícios relacionados ao nosso dia a dia, mostrando a interligação entre os conceitos estudados em sala de aula e o cotidiano.

Há ainda a seção Algo a mais no final de cada capítulo, a qual traz assuntos ligados a diferentes áreas do conhecimento. Nela você encontrará textos referentes à História da Matemática, saberá mais sobre a vida de alguns matemáticos e artistas famosos e conhecerá melhor assuntos relacionados às ciências e ao meio ambiente, o que o ajudará a perceber a conexão da Geometria com outros campos da atividade humana.

Espero que este livro lhe proporcione a ampliação e o aprofundamento de seus conhecimentos e que você os utilize para alcançar seus objetivos.

A autora

Sumário

1. Conhecendo os materiais de desenho

Para desenvolvermos um bom curso de Desenho Geométrico, é preciso que você possua o material adequado, saiba conservá-lo e utilizá-lo corretamente.

Conheça os instrumentos que usaremos e também os cuidados que devemos ter com eles.

Lápis ou lapiseira

O lápis deve estar sempre bem apontado.

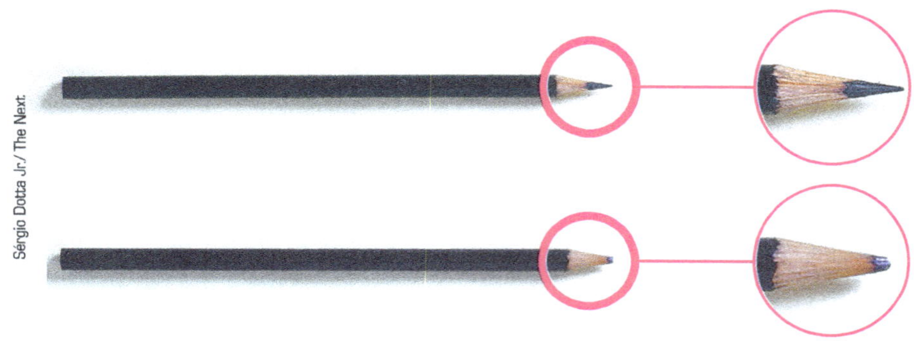

Ao utilizá-lo, apoie com firmeza a mão sobre o papel.

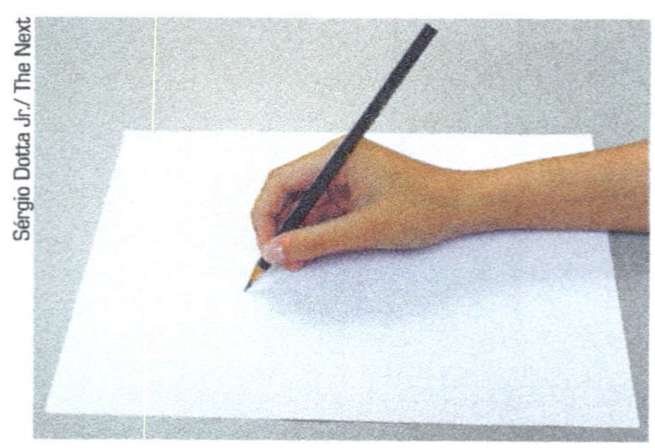

Você pode substituir o lápis pela lapiseira. Recomendamos lapiseiras com pontas de 0,5 mm de diâmetro ou de 0,7 mm.

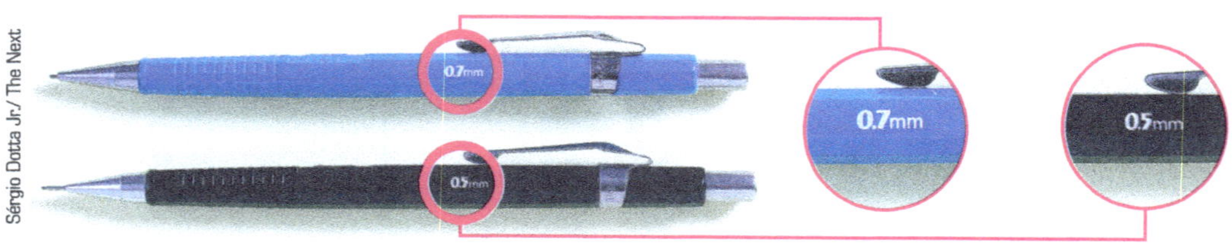

Borracha

A borracha deve ser macia e estar sempre limpa. Para limpá-la, use um pano ou esfregue-a sobre uma folha de papel. Não lave a borracha.

Régua

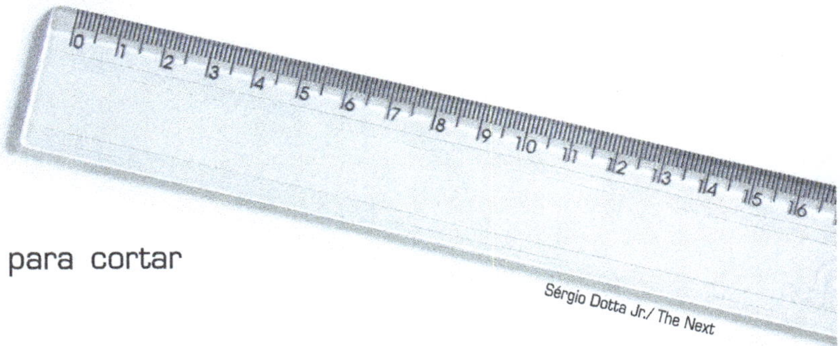

A régua serve para traçar retas e medir segmentos de reta. Use régua transparente graduada em centímetros e milímetros. Não a utilize como apoio para cortar papéis, pois isso pode danificá-la.

adequado **inadequado**

Observe como devemos posicionar o lápis ao traçarmos retas utilizando a régua.

De preferência, trace de cima para baixo e da esquerda para a direita.

Fotos: Sérgio Dotta Jr./ The Next

Ou da direita para a esquerda se você for canhoto.

Par de esquadros

Existem dois tipos de esquadro: o de quarenta e cinco graus (45°) e o de sessenta graus (60°). Este último também pode ser chamado esquadro de trinta graus (30°).

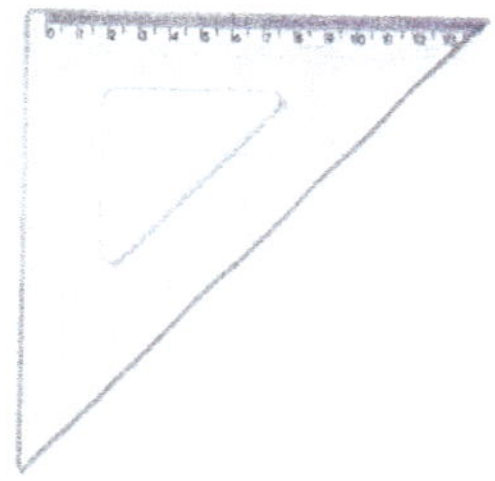
esquadro de 45°

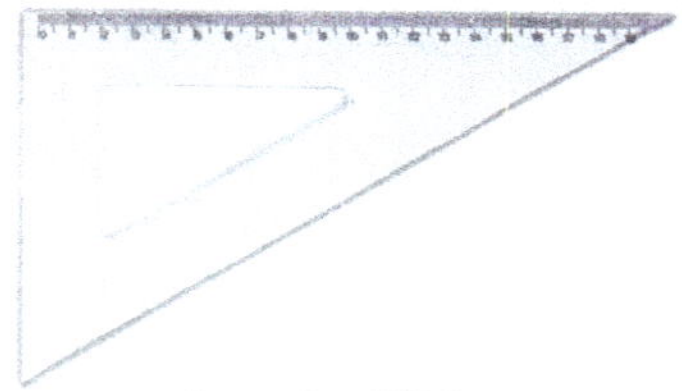
esquadro de 60° ou esquadro de 30°

Sérgio Dotta Jr./ The Next

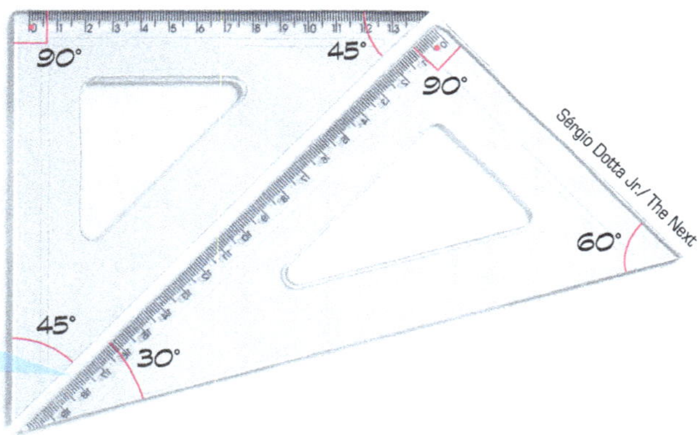

Em um par de esquadros, esses lados têm a mesma medida.

Eles são utilizados no traçado de paralelas e perpendiculares.

Sérgio Dotta Jr./ The Next

traçado de paralelas

Sérgio Dotta Jr./ The Next

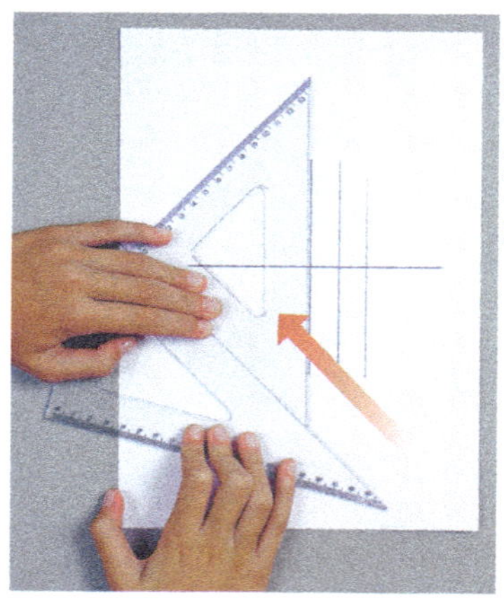
traçado de perpendiculares

Também é possível traçar ângulos com os esquadros.

Sérgio Dotta Jr./ The Next

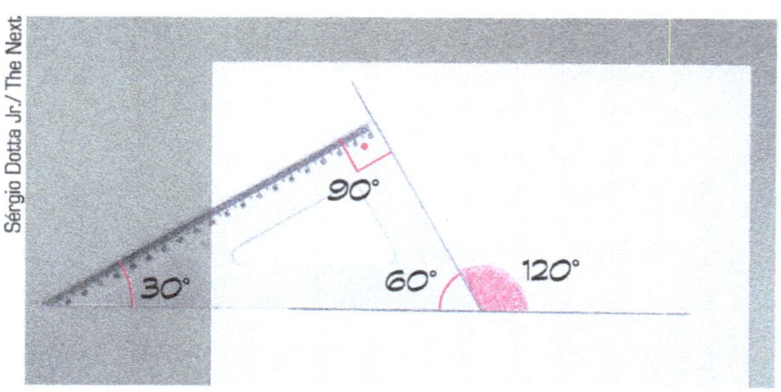

Sérgio Dotta Jr./ The Next

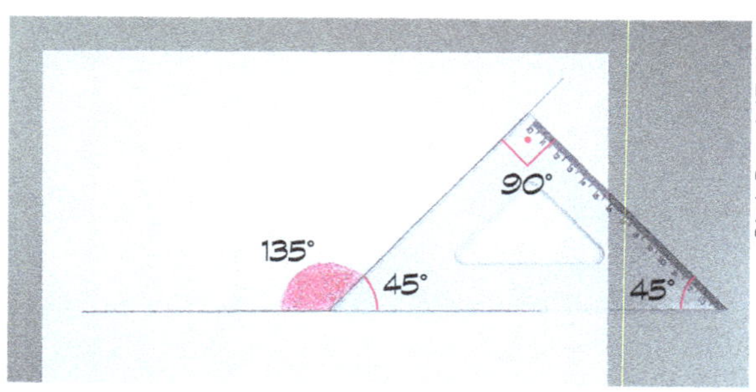

Observe a posição adequada do lápis para o traçado de retas com o esquadro.

adequada

Com o lápis inclinado, o traçado não fica uniforme e sua ponta suja o esquadro.

Transferidor

Usa-se o transferidor para medir e traçar ângulos. Conheça os dois tipos de transferidor:

transferidor de 180°

transferidor de 360°

Sérgio Dotta Jr./The Next

Para limpar seu material (transferidor, régua e esquadros), utilize uma flanela.

Compasso

É um instrumento utilizado para traçar circunferências ou arcos de circunferência, transportar medidas e comparar comprimentos.

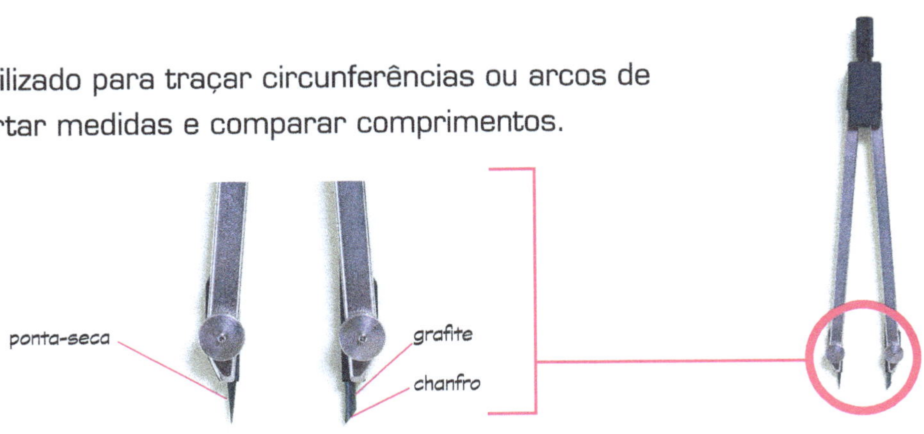

A ponta da grafite deve estar sempre no mesmo nível da ponta-seca.

Veja a forma adequada de lixá-la e também como não devemos lixá-la.

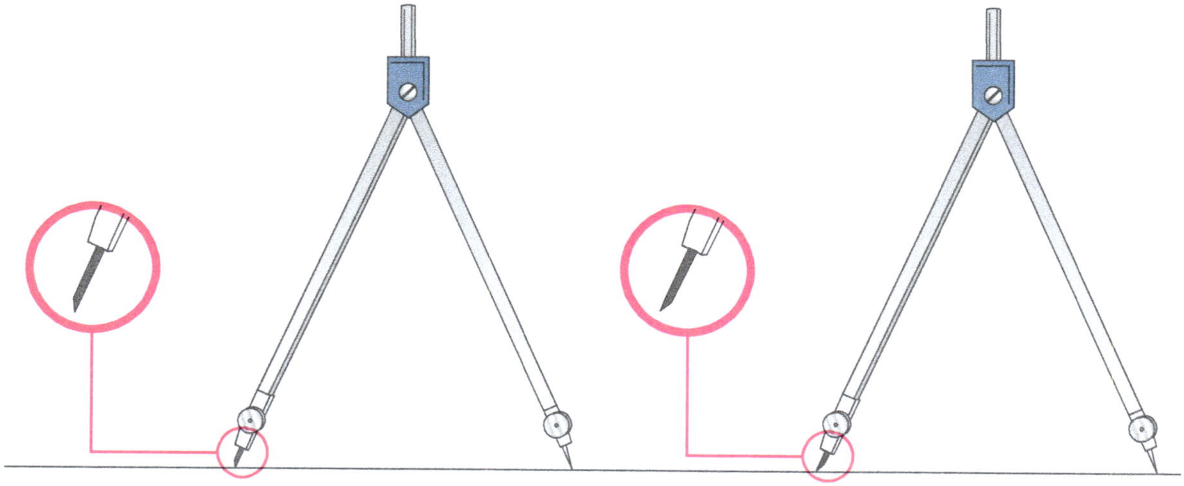

adequada **inadequada (chanfro invertido)**

Observe a posição correta do compasso.

Sérgio Dotta Jr./The Next

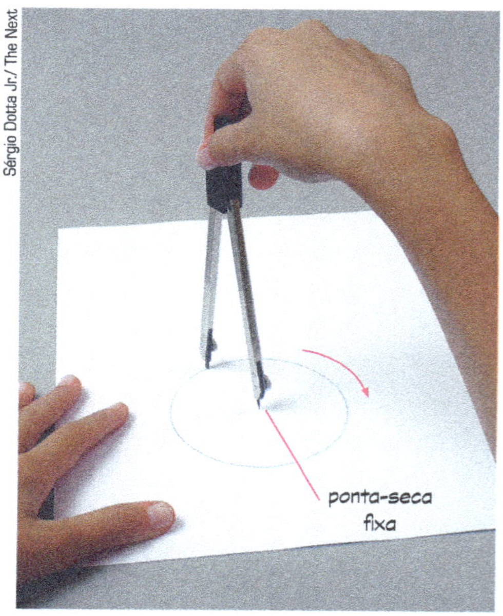

Gire o compasso no sentido horário.

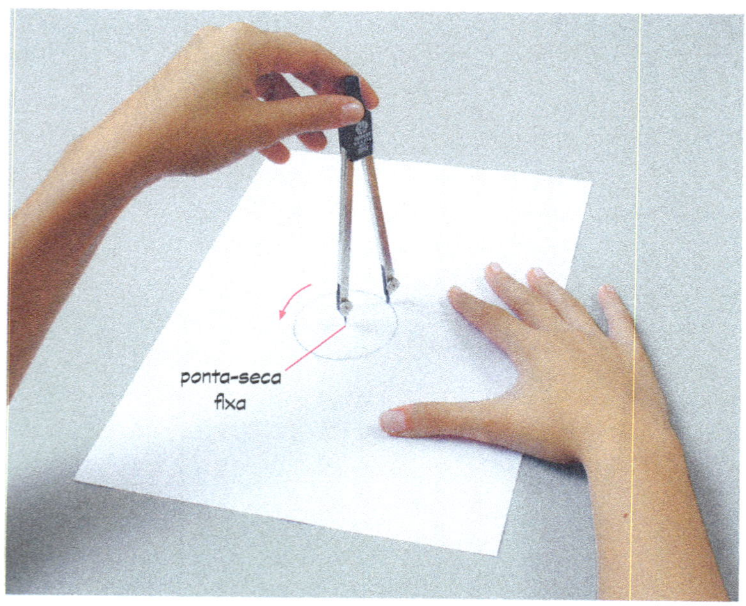

Ou no sentido anti-horário se você usar a mão esquerda.

Sérgio Dotta Jr./The Next

Letras e algarismos tipo bastão

Ao desenvolver atividades nas aulas de Desenho Geométrico, cuide da apresentação visual de seu desenho.

Além disso, você deve se preocupar com a precisão dos traçados e com sua caligrafia.

Recomendamos o emprego da caligrafia tipo bastão, que é simples, legível e fácil de ser traçada à mão livre.

Observe todas as letras e os algarismos escritos em caligrafia bastão. O sentido e a direção das flechas vão auxiliá-lo na obtenção de um bom resultado.

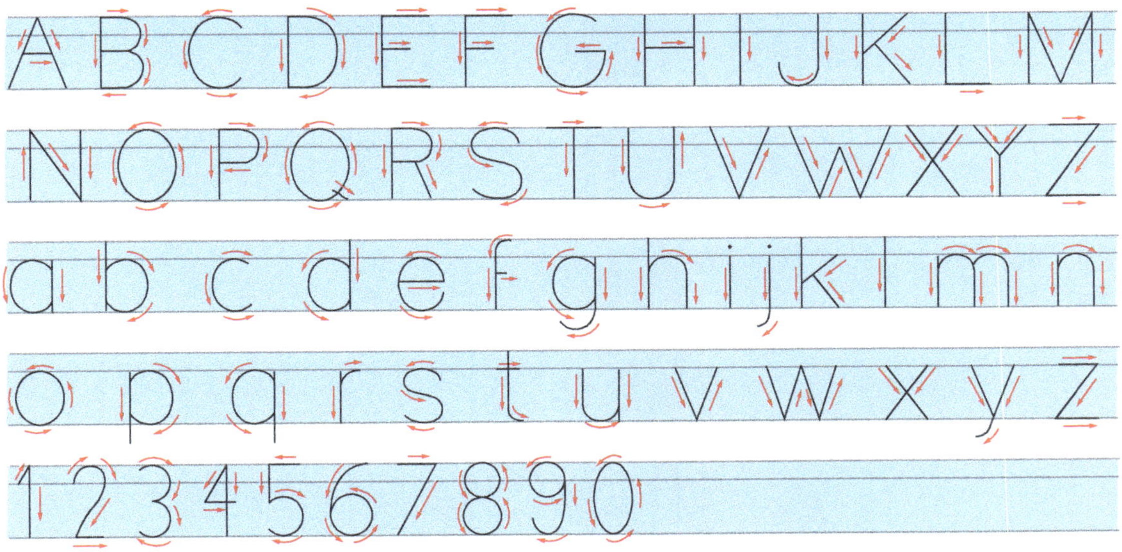

ATIVIDADES

1 Escreva o alfabeto, com as 26 letras, utilizando as letras maiúsculas do tipo bastão.

2 Escreva novamente o alfabeto utilizando agora as letras minúsculas do tipo bastão.

3 Escreva seu nome completo empregando letras maiúsculas do tipo bastão nas iniciais e letras minúsculas no restante.

4 Escreva a data de seu nascimento empregando a caligrafia bastão.

5 O mapa abaixo representa a divisão de nosso país em regiões.

Região

Complete a legenda do mapa colocando o nome de cada uma das cinco regiões brasileiras. Use adequadamente letras do tipo bastão maiúsculas e minúsculas.

ALGO A MAIS

Medindo comprimentos no dia a dia

No dia a dia, outros instrumentos, além da régua, são usados para medir comprimentos. Vamos conhecer alguns deles.

Fita métrica

Fabricada em material maleável com 1,5 m de comprimento, é muito utilizada por alfaiates e costureiras.

Dynamic Graphics

Metro articulado

É feito de madeira, alumínio ou fibra. Os pedreiros e os carpinteiros utilizam-no bastante.

Encontram-se metros articulados com 1 m ou 2 m de comprimento.

Alexandre Dotta/The Next

Metro comercial

Construído em madeira ou PVC rígido, tem 1 m de comprimento.

É utilizado por comerciantes em geral, principalmente na venda de tecidos.

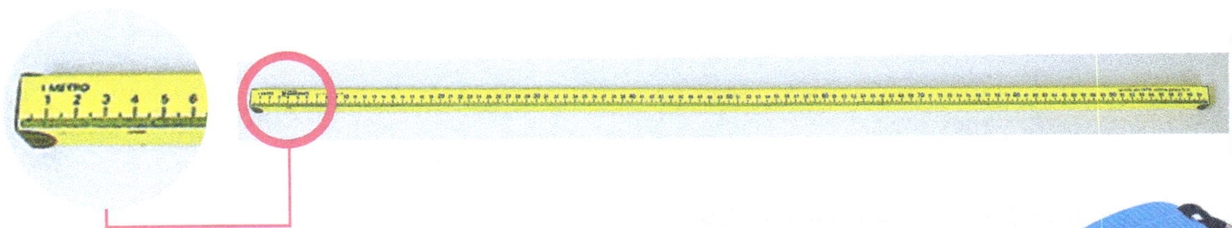

Sérgio Dotta Jr./The Next

Trena

Constitui-se de uma fita de aço, fibra ou tecido, graduada em centímetros e em polegadas. É acoplada a um estojo com um mecanismo que recolhe a fita. Seu comprimento é variável.

A trena é usada para diversos fins, como na medição de terrenos.

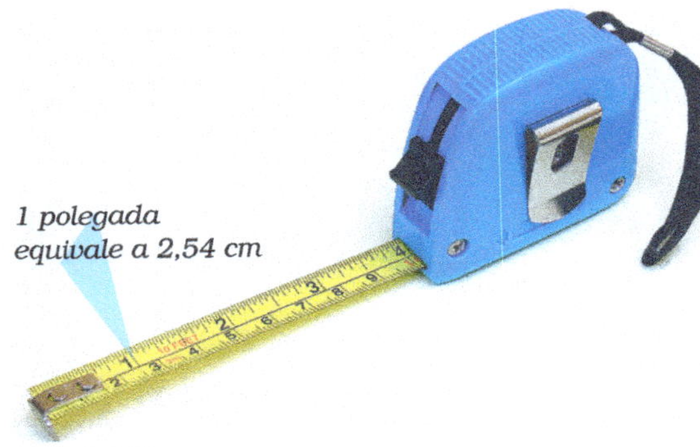

trena

Sérgio Dotta Jr./The Next

Na escala dos instrumentos citados – fita métrica, metro e trena –, a menor divisão é 1 mm.

Para medir comprimentos muito pequenos, são utilizados instrumentos mais precisos, como o **paquímetro** e o **micrômetro**.

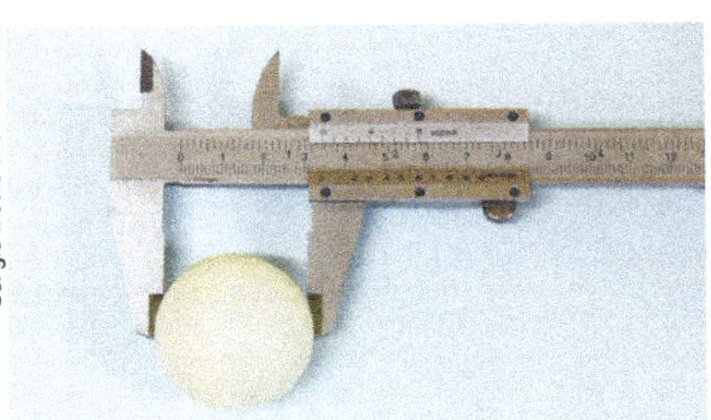

paquímetro

Sérgio Dotta Jr./The Next

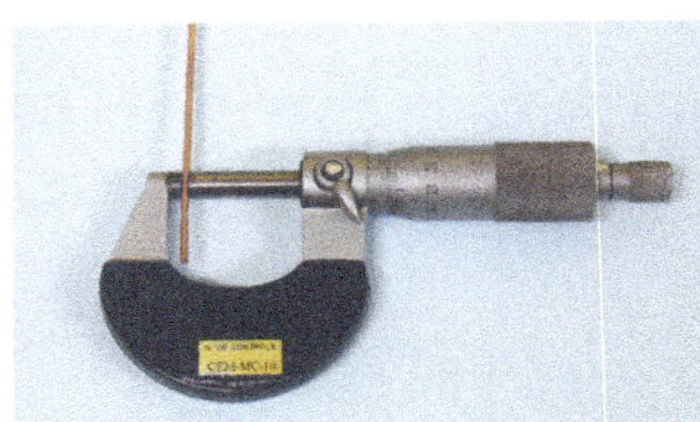

micrômetro

Sérgio Dotta Jr./The Next

O paquímetro e o micrômetro são usados em laboratórios e indústrias. Possuem duas escalas: uma fixa, semelhante à da régua, e outra móvel, que permite dividir em comprimentos ainda menores a menor divisão da escala fixa. Dessa forma, é possível determinar comprimentos da ordem de 0,01 mm.

Com esses instrumentos, podemos medir o diâmetro de uma agulha ou a espessura de folhas e fios com alta precisão.

2. Conceitos básicos

As formas geométricas em nosso dia a dia

Se observarmos nosso redor, encontraremos objetos com formas de figuras geométricas diversas. Alguns lembram figuras tridimensionais, isto é, figuras que têm três dimensões.

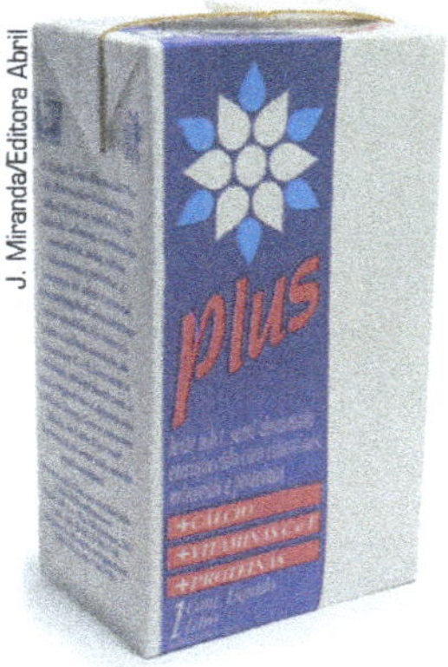

J. Miranda/Editora Abril

ADS

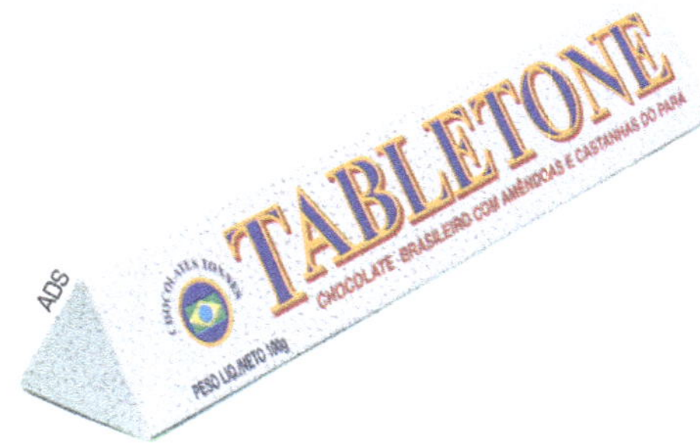

ADS

Ivan Carneiro/Editora Abril

Sérgio Dotta Jr./The Next

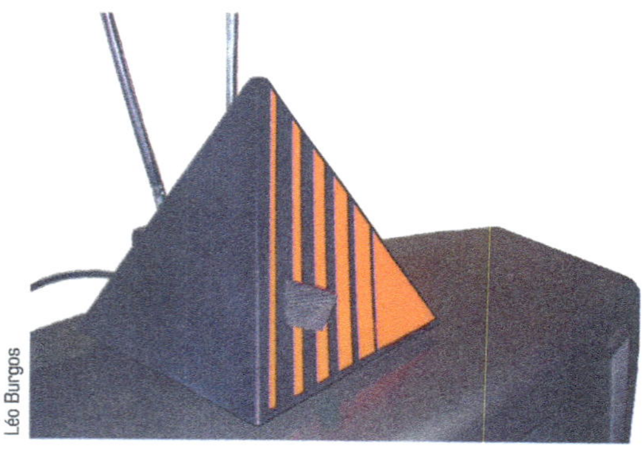
Léo Burgos

Outros têm a forma de figuras geométricas bidimensionais, ou seja, que têm duas dimensões.

Xico Buny/Editora Abril

PhotoDisc

Fabio Colombini

Analisando os elementos do bloco retangular, vamos estudar conceitos básicos da Geometria.

Observe que um bloco retangular possui 6 faces, 8 vértices e 12 arestas.

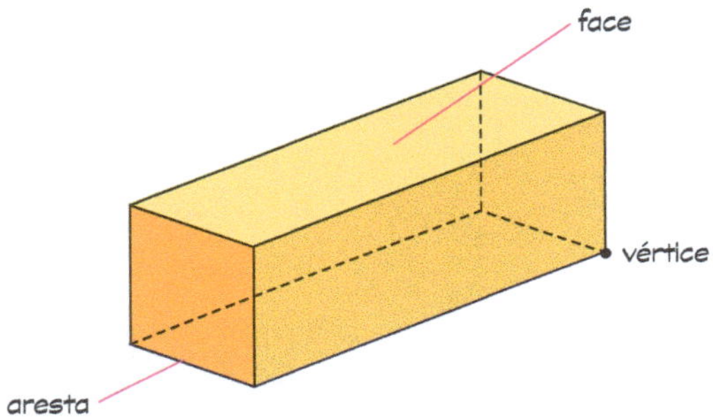

O bloco retangular tem três dimensões: comprimento, largura e altura.

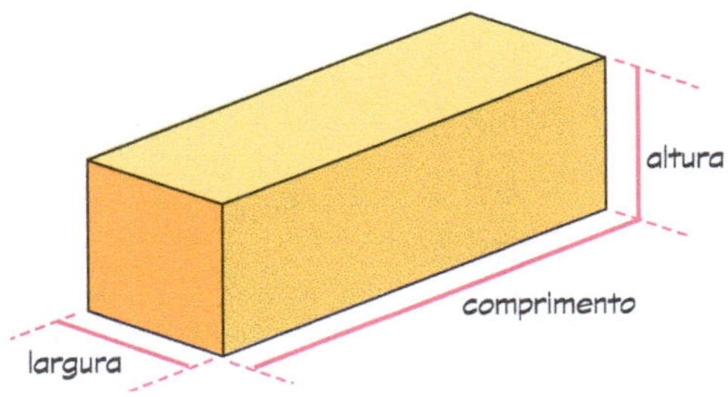

Suas faces são retangulares e têm duas dimensões: comprimento e largura.

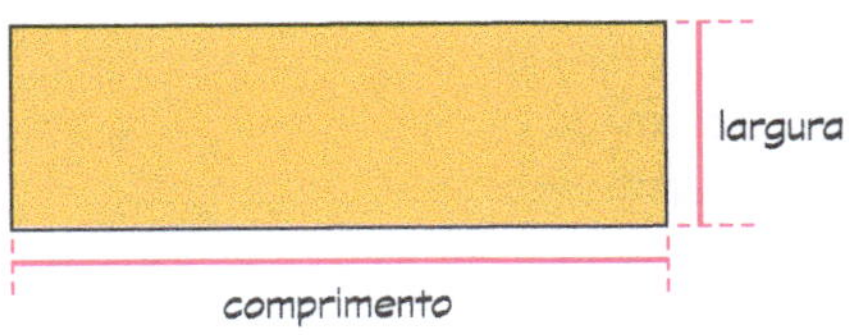

Suas arestas têm uma só dimensão: comprimento.

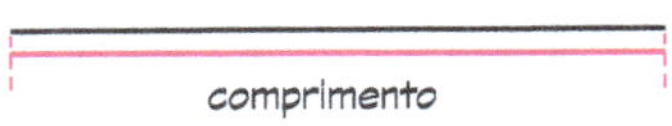

Seus vértices não têm dimensão.

Conceitos primitivos

Na Geometria existem conceitos que consideramos intuitivos. São eles: ponto, reta e plano. São aceitos sem definição e por isso são considerados conceitos primitivos.

Ponto

Os vértices do bloco retangular nos dão a ideia de **pontos**.

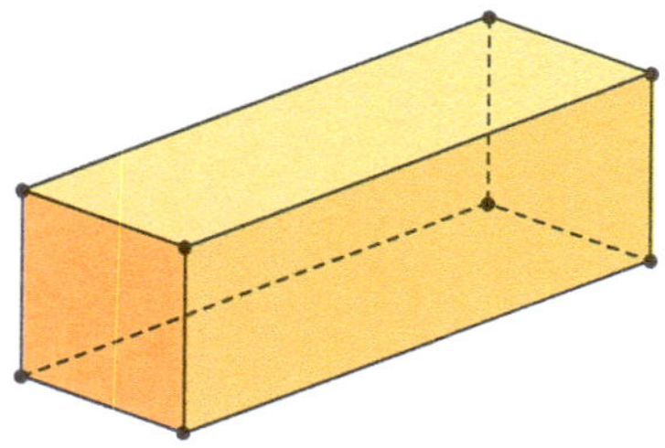

Por estarem tão distantes, as estrelas no céu também nos dão a ideia de pontos.

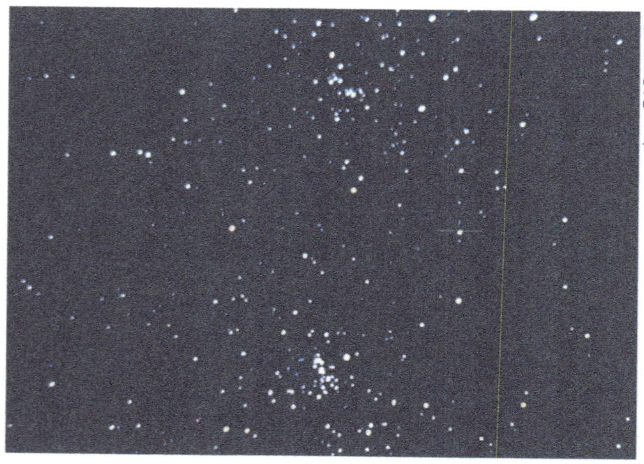

ImageDJ Corporation

O ponto pode ser representado por uma marca no papel ou pela interseção, isto é, cruzamento de dois traços. É identificado por letras maiúsculas do alfabeto latino: A, B, C, D etc.

O ponto C é a interseção de dois arcos de circunferência. O ponto D é a interseção de um segmento de reta com um arco de circunferência.

Reta

As arestas do bloco retangular nos dão a ideia de **retas**.

As linhas demarcatórias de uma quadra de voleibol nos dão ideia de retas.

Ryan Pierse/Getty Images

Para identificarmos uma reta, utilizamos letras minúsculas do alfabeto latino: a, b, c etc.

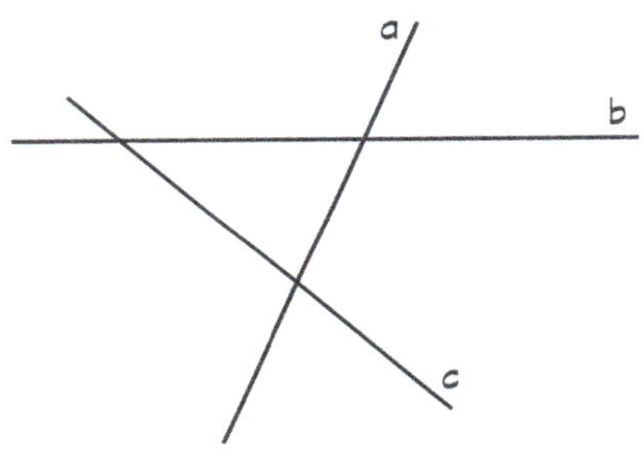

Podemos classificar uma reta quanto a seu traçado em:

- **cheia**
- **tracejada** - - - - - - - - - - - - - - - -
- **pontilhada** ....
- **traço e ponto** —·—·—·—·—·—·—

O que desenhamos é uma representação da reta, porque ela se estende nos dois sentidos, isto é, não tem começo nem fim.

Plano

As faces do bloco retangular nos dão a ideia de **plano**.

O piso de uma quadra esportiva também nos dá a ideia de um plano.

Joe McBride/LatinStock

Imaginamos o plano como uma figura que obtemos ao estendermos infinitamente uma superfície plana em todas as direções.

Identifica-se o plano com letras minúsculas do alfabeto grego: α (alfa), β (beta), γ (gama) etc.

representação de um plano

Um plano contém infinitos pontos e infinitas retas.

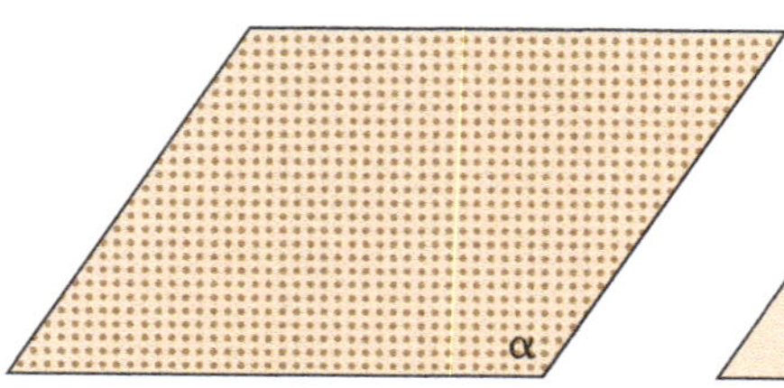

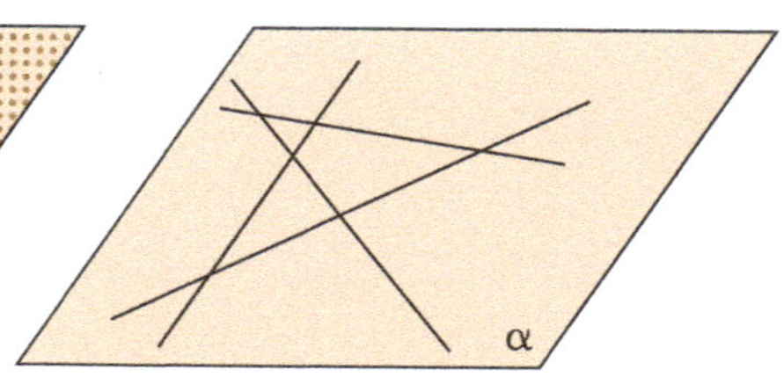

Figuras planas e não planas

Observe a foto de alguns objetos sobre uma mesa de trabalho.

Vamos representar a imagem da folha de papel e da pirâmide em um plano α:

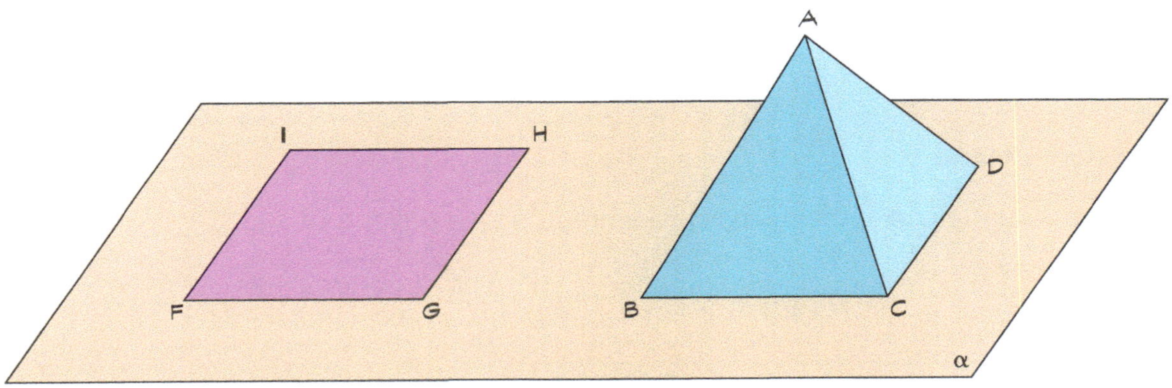

Observamos que todos os pontos da folha de papel estão no plano α, mas o mesmo não ocorre com todos os pontos da pirâmide (por exemplo, o vértice A).

As figuras geométricas que têm todos seus pontos pertencentes a um mesmo plano, como a folha de papel, são chamadas **figuras planas**.

As figuras geométricas que não têm todos seus pontos pertencentes a um mesmo plano, como a pirâmide, são chamadas **figuras não planas**.

Veja mais alguns exemplos:

figuras não planas

figuras planas

Relação de pertinência

Para relacionarmos **ponto e reta** ou **ponto e plano**, utilizamos os símbolos $\in$ (pertence) ou $\notin$ (não pertence).

- **ponto e reta**

Observando a reta **r** e os pontos A, B, C e D, é fácil concluir que:

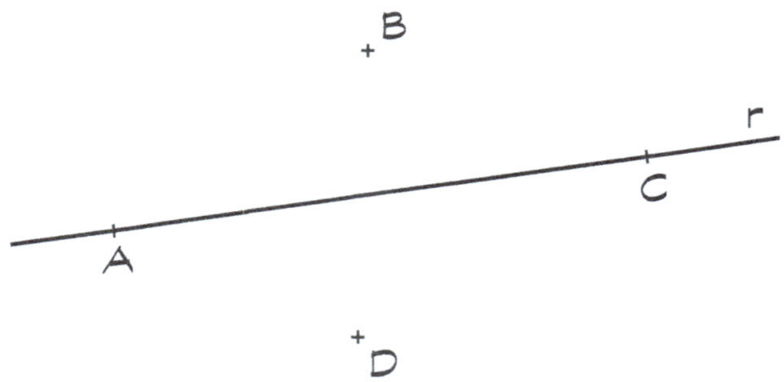

$A \in r$, $B \notin r$, $C \in r$, $D \notin r$

- **ponto e plano**

Observe um bloco retangular representado sobre o plano α:

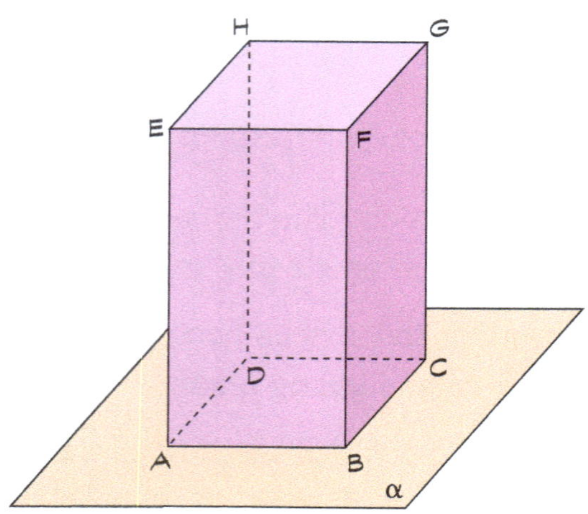

Analisando os pontos que correspondem a seus vértices, podemos concluir que:

- A, B, C e D são pontos de α. Logo, escrevemos que:

$$A \in \alpha,\ B \in \alpha,\ C \in \alpha,\ D \in \alpha$$

- E, F, G e H estão fora do plano α, portanto não são pontos de α. Logo, escrevemos que:

$$E \notin \alpha,\ F \notin \alpha,\ G \notin \alpha,\ H \notin \alpha$$

Relação de inclusão

Para relacionarmos **reta e plano**, utilizamos os símbolos $\subset$ (está contido) ou $\not\subset$ (não está contido).

Dizemos que uma reta está contida em um plano quando todos seus pontos pertencem a ele.

No bloco retangular representado abaixo, temos:

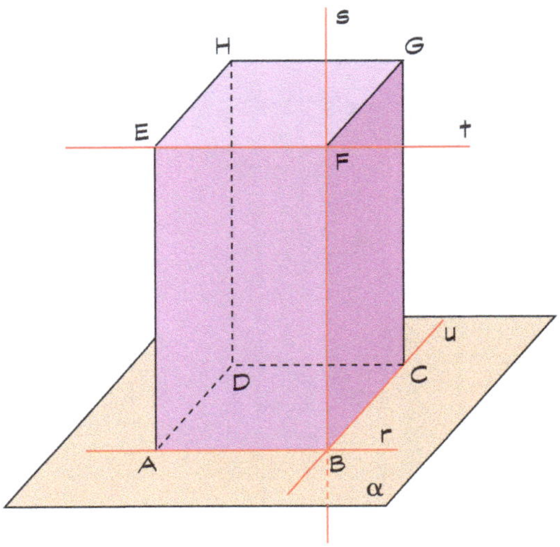

$r \subset \alpha$ $s \not\subset \alpha$ $t \not\subset \alpha$ $u \subset \alpha$

▲■● ATIVIDADES ●■▲

1 Associe as seguintes figuras à ideia de **ponto**, **reta** ou **plano**:

a)

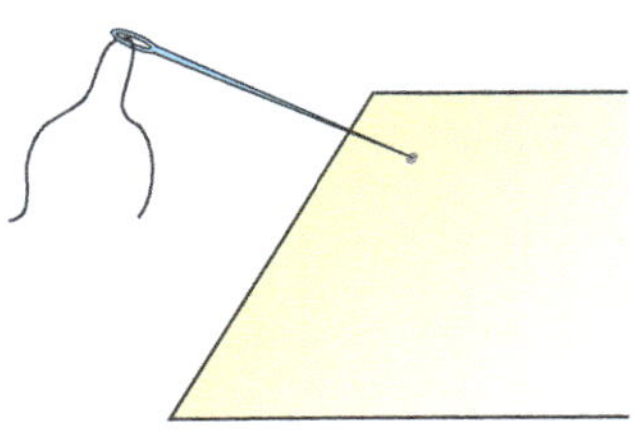

furo de agulha em um tecido

____

b)

junção de duas paredes

____

c)

Fabio Colombini

grãos de areia da praia

____

d)

Lia Lubambo/Editora Abril

quadro de giz

____

2 Classifique as seguintes retas quanto ao traçado:

a) —·—·—·—·—·—·—·—·— ____________________

b) - - - - - - - - - - - - - - - - - ____________________

c) .... ____________________

d) ———————————— ____________________

3 Classifique as retas destacadas quanto a seu traçado:

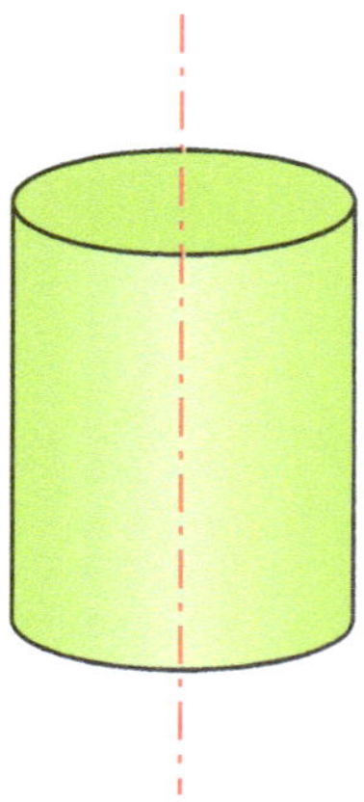

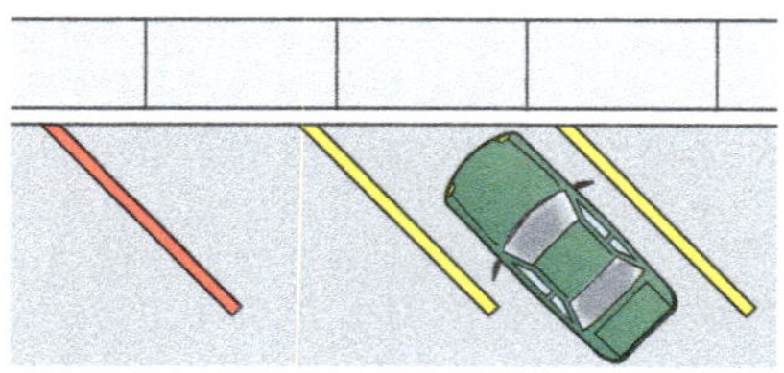

Rubens Chaves

____________________ ____________________ ____________________

4 Você gosta de histórias em quadrinhos?

Nas histórias em quadrinhos são empregadas diversas estratégias para melhor descrever as cenas. Um recurso utilizado é a onomatopeia: tentativa de reproduzir sons por meio de palavras. Veja alguns exemplos:

Jox

Outro recurso são as formas dos balões, nos quais são escritos pensamentos e falas das personagens. Dependendo de seu traçado, os balões expressam diferentes situações.

fala **pensamento** **cochicho** **agressividade ou raiva**

Agora observe estes quadrinhos e trace o balão convencional de cada situação:

5 Observe a figura e complete com os símbolos $\in$ ou $\notin$:

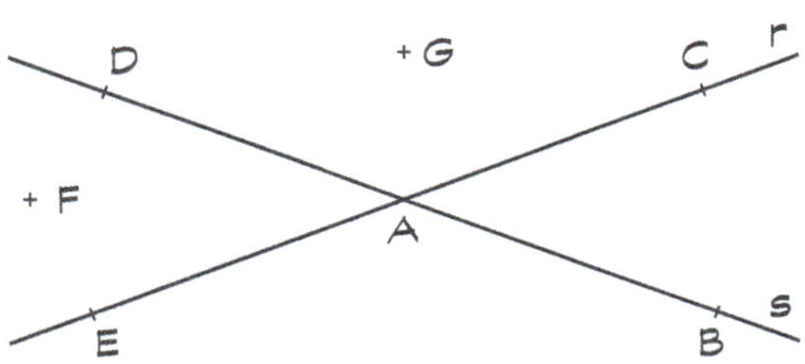

A ______ r

A ______ s

B ______ r

D ______ s

B ______ s

E ______ r

F ______ s

G ______ s

C ______ r

C ______ s

D ______ r

G ______ r

6 Observe a figura e complete com os símbolos ⊂ ou ⊄:

r ________ α

s ________ α

t ________ α

u ________ α

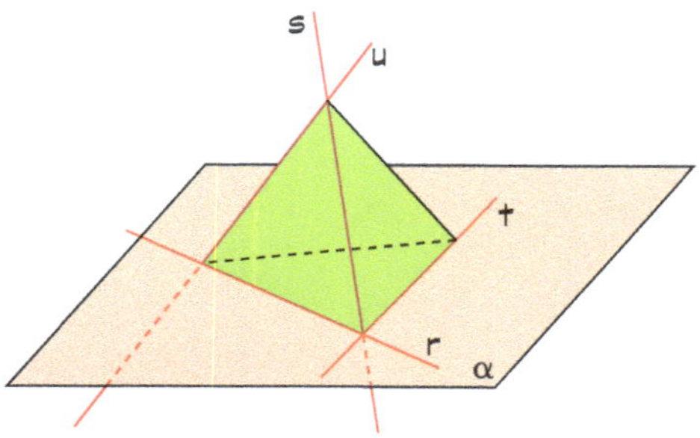

7 Localize nas retas a, b, c e d os pontos P, Q, R e S, sabendo que:

- P pertence às retas a e d;
- Q pertence às retas b e d;
- R pertence às retas b e c;
- S pertence às retas a e c.

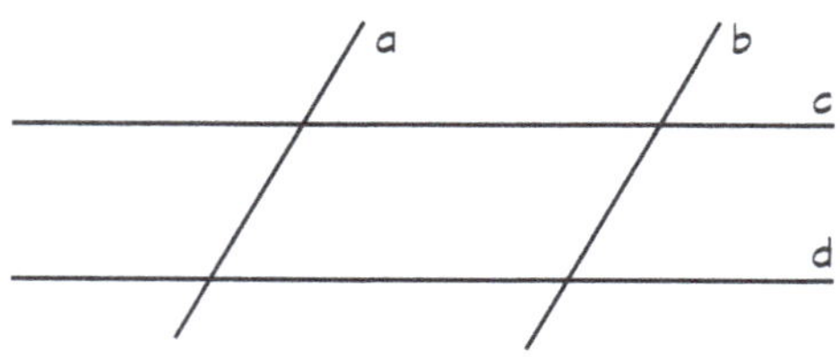

8 Classifique as seguintes figuras em planas ou não planas:

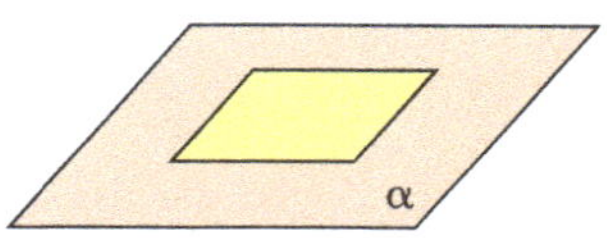

____

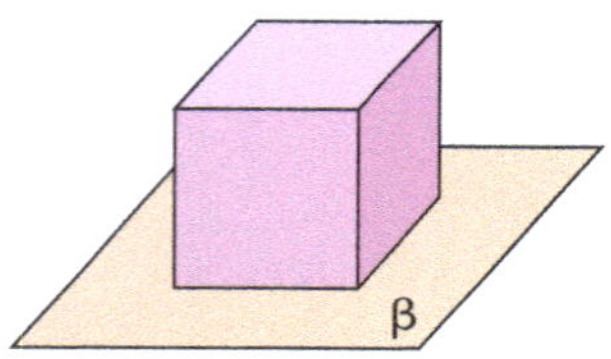

____

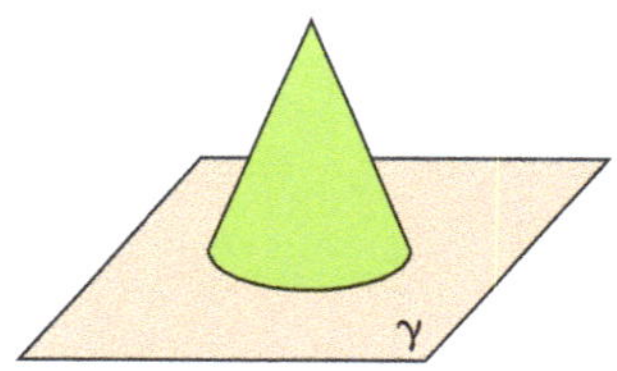

____

9 Os egípcios deixaram uma vasta herança para a humanidade. Seus feitos foram possíveis em razão de seus conhecimentos em várias áreas, especialmente na Geometria.

Construíram obras grandiosas, como palácios, monumentos e templos, incluindo as pirâmides, que são admiradas até os dias de hoje.

Richard Passmore/Stone/Getty Images

O grande templo de Ramsés II, Egito.

Construídas entre 2 650 a.C. e 2 550 a.C. para abrigar as múmias dos faraós, as pirâmides de Gizé (Quéops, Quefren e Miquerinos) fazem parte das sete maravilhas do mundo antigo.

Pedro Martinelli/Editora Abril

A pirâmide de Quéops é a maior delas. Sua base é um quadrado cujos lados medem aproximadamente 230 m, e sua altura é aproximadamente 147 m.

Roger Wood/Corbis/LatinStock

Analise os elementos de uma pirâmide de base quadrada e complete com o número correto as afirmações:

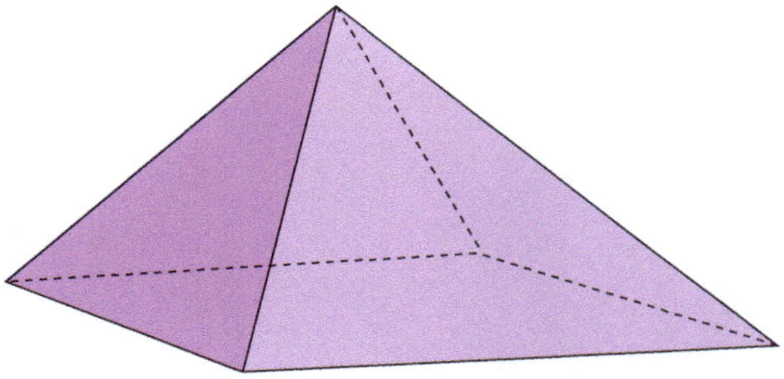

A pirâmide de base quadrada possui ________ faces, das quais ________ são triangulares. Possui também ________ arestas e ________ vértices.

ALGO A MAIS

Diferentes pontos

Você aprendeu que, em Geometria, ponto é um conceito abstrato e sem dimensão. Na linguagem das artes plásticas, ponto é uma pequena mancha de tinta.

O ponto é o elemento fundamental no **pontilhismo**, técnica em que o artista produz uma pintura utilizando somente pontos de diferentes cores e dimensões.

As cores são puras, isto é, não são misturadas na palheta. É a proximidade entre os pontos que provoca uma ilusão ótica, de forma que o observador visualiza o tom idealizado pelo artista.

O pintor parisiense Georges Seurat (1859-1891) foi um dos mais notáveis representantes do movimento pontilhista.

Em seu quadro *Tarde de domingo na Ilha da Grande Jatte* (1884-1886), o artista retrata o hábito burguês dos passeios aos domingos na margem do Rio Sena, em Paris.

Roger Wood/Corbis/LatinStock

Georges Seurat

Óleo sobre tela, 2,60 m X 3,50 m. Instituto de Arte de Chicago Illinois, EUA

Tarde de domingo na Ilha da Grande Jatte, de Georges Seurat (1884-1886).

3. Retas, suas posições e suas partes

Reta

Vimos que:

- a reta tem infinitos pontos;
- a reta não tem começo nem fim.

Podemos observar também que:

- por um ponto passam infinitas retas;
- dois pontos distintos determinam uma reta.

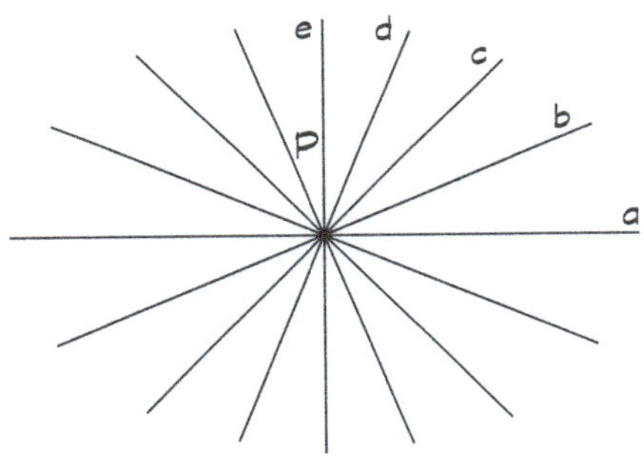

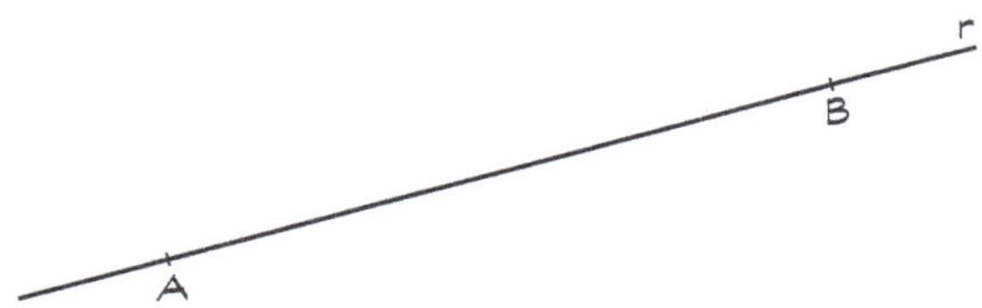

reta r, reta AB ($\overleftrightarrow{AB}$) ou reta BA ($\overleftrightarrow{BA}$)

Identificamos uma reta por uma letra minúscula do alfabeto latino ou por dois de seus pontos.

Pontos colineares

Pontos colineares são pontos que pertencem a uma mesma reta.

Observe:

- A, B e C são colineares, pois todos pertencem à reta r.
- P, Q e R não são colineares, pois não há uma reta que contenha os três pontos.

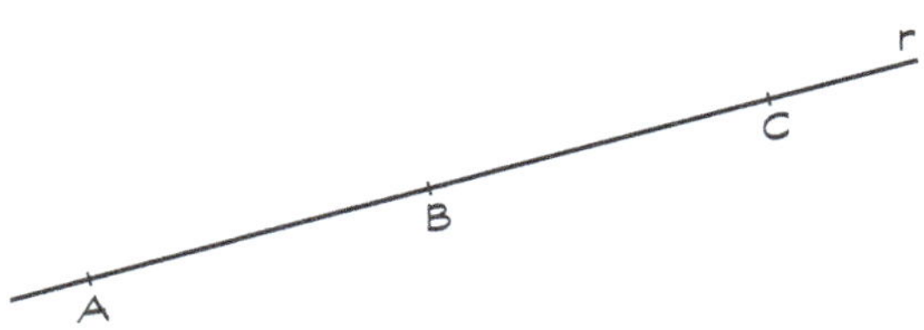

Posições de uma reta

Costumamos denominar três posições de uma reta. São elas:

horizontal

vertical

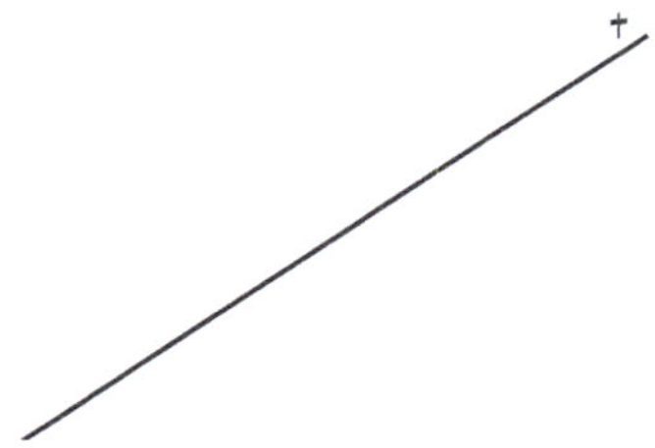

inclinada

No mundo que nos rodeia encontramos diversas situações em que identificamos essas posições. Observe algumas delas:

Frederico Busch/Editora Abril

r horizontal

Luiz Roberto Pereira/Editora Abril

s vertical

Léo Burgos

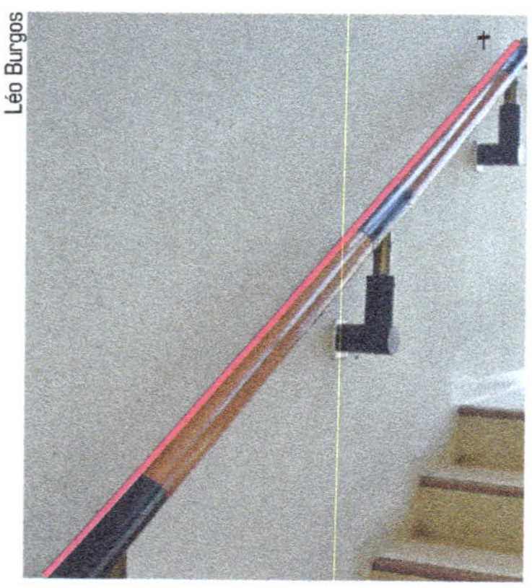

t inclinada

Semirreta

Qualquer ponto de uma reta divide essa reta em duas partes.

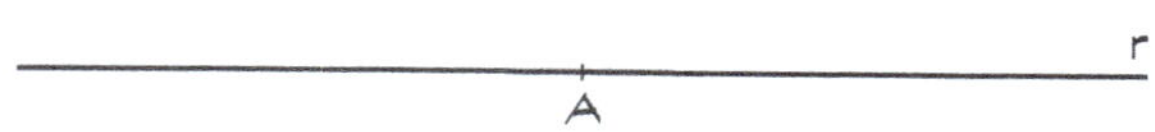

Cada uma dessas partes, incluindo o ponto, chama-se **semirreta**.

semirreta AC ou $\overrightarrow{AC}$ **semirreta AB ou $\overrightarrow{AB}$**

A notação $\overrightarrow{AC}$ indica que a semirreta tem origem no ponto A e passa pelo ponto C. A notação $\overrightarrow{AB}$ indica que a semirreta tem origem no ponto A e passa pelo ponto B.

$\overrightarrow{AB}$ e $\overrightarrow{AC}$ são semirretas opostas: têm a mesma origem e sentidos opostos.

A semirreta tem começo, mas não tem fim: é limitada em apenas um sentido.

Segmento de reta

Considere uma reta r e dois pontos distintos, A e B, pertencentes a r.

Esses pontos limitam uma parte da reta r. Essa parte, incluindo os pontos A e B, chamamos **segmento de reta** e o indicamos por $\overline{AB}$ ou $\overline{BA}$.

Os pontos A e B são chamados **extremidades** do segmento. A reta r que contém $\overline{AB}$ é chamada **reta-suporte**.

Observe que o segmento é limitado, isto é, tem começo e fim. Apesar de limitado, todo segmento possui infinitos pontos.

Posições relativas de segmentos

Posições relativas de segmentos é a posição de um em relação a outro. Vamos estudar algumas dessas posições.

Segmentos colineares

Segmentos colineares são os que estão contidos em uma mesma reta.

$\overline{AB}$ e $\overline{CD}$ são colineares.

Segmentos consecutivos

Segmentos consecutivos são os que possuem uma extremidade comum.

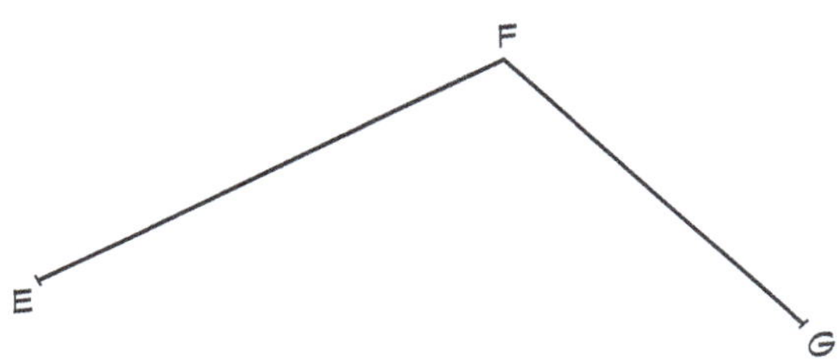

$\overline{EF}$ e $\overline{FG}$ são consecutivos (F é a extremidade comum).

Veja outros exemplos de segmentos.

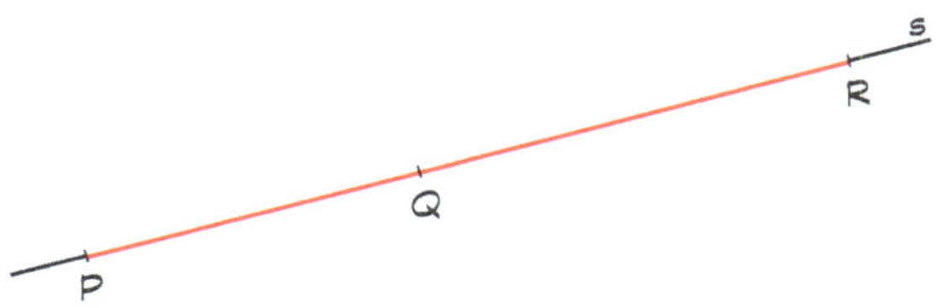

$\overline{PQ}$ e $\overline{QR}$ são segmentos consecutivos colineares.

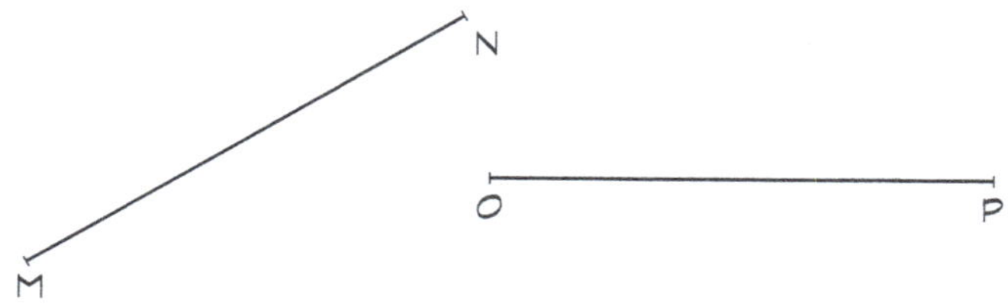

$\overline{MN}$ e $\overline{OP}$ são segmentos não consecutivos e não colineares.

ATIVIDADES

1 Classifique as afirmações em V (verdadeira) ou F (falsa):

( ) Toda reta tem infinitos pontos.

( ) Por um ponto qualquer passam infinitas retas.

( ) É possível traçar uma única reta passando por dois pontos distintos.

( ) É possível traçar apenas uma única reta passando por um ponto fixo P.

2 Identifique os pontos colineares a:

a) A e F ______________

b) B e D ______________

c) D e F ______________

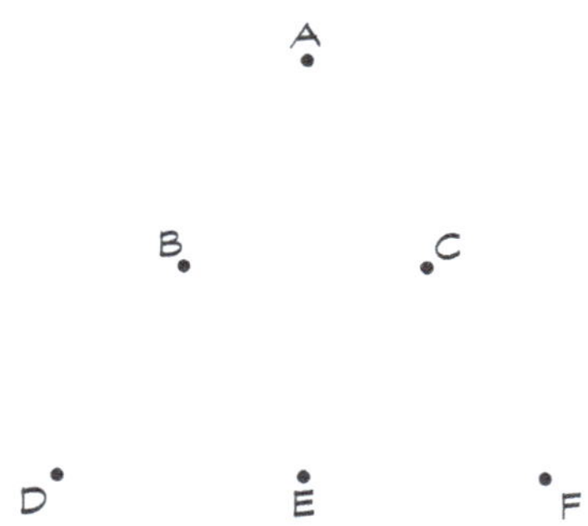

3 Trace:

- a reta r, determinada pelos pontos A e B;
- a reta s, determinada pelos pontos C e D.

Agora, complete:

a) os pontos não pertencentes à reta r são: ______________________

b) os pontos não pertencentes à reta s são: ______________________

c) o ponto comum às retas r e s é: ____________

4 Um plano também pode ocupar diferentes posições. Veja os seguintes exemplos:

As paredes da sala de aula nos dão ideia de planos verticais enquanto que o piso da sala de aula e o tampo das carteiras nos dão ideia de planos horizontais.

A rampa do Palácio do Planalto nos dá ideia de plano inclinado.

Identifique na fotografia abaixo um elemento que nos dê a ideia de:

edifício da Faculdade de Arquitetura e Urbanismo da Universidade de São Paulo (FAU – USP)

a) um plano horizontal: ______________________

b) um plano inclinado: ______________________

c) um plano vertical: ______________________

5 Observe a fachada da casa e preencha os círculos com os números que denotam a posição das linhas, conforme indicado abaixo:

1 horizontal

2 vertical

3 inclinada

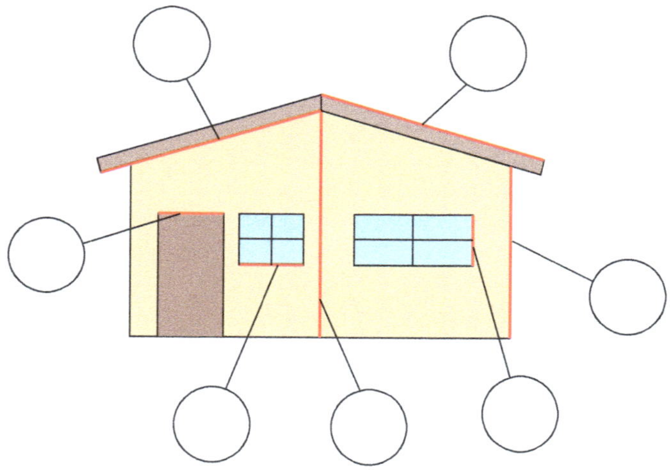

6 Represente, na malha de pontos, as retas:

- r (horizontal) e s (vertical), passando pelo ponto A;
- t (horizontal) e u (vertical), passando pelo ponto C.

Determine os pontos B e D sabendo que:

- as retas r e u se cruzam no ponto B;
- as retas t e s se cruzam no ponto D.

Trace $\overleftrightarrow{BD}$ e diga se a reta é horizontal, vertical ou inclinada:

7 Nomeie as semirretas traçadas de acordo com suas cores:

- azul: ______________________
- verde: ______________________
- vermelha: ______________________

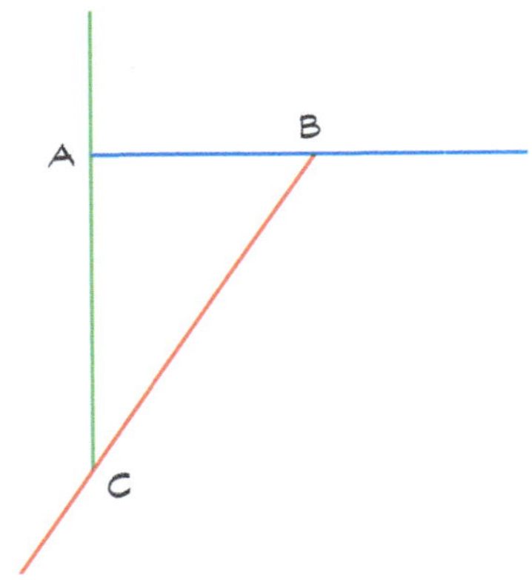

8 Trace as semirretas $\overrightarrow{AC}$, $\overrightarrow{BC}$, $\overrightarrow{DB}$, $\overrightarrow{BA}$, $\overrightarrow{DA}$ e $\overrightarrow{CD}$:

9 Nas situações abaixo, você vai compreender a ideia de direção e de sentido.

As pessoas estão correndo na mesma direção e no mesmo sentido.

As pessoas estão correndo na mesma direção e em sentidos opostos.

Rob

Utilizando as noções de direção e sentido, trace as semirretas:

- $\overrightarrow{CD}$, de mesma direção e sentido de $\overrightarrow{AB}$;
- $\overrightarrow{EF}$, de mesma direção de $\overrightarrow{AB}$, mas de sentido oposto;

- $\overrightarrow{IJ}$, de mesma direção e sentido de $\overrightarrow{GH}$.

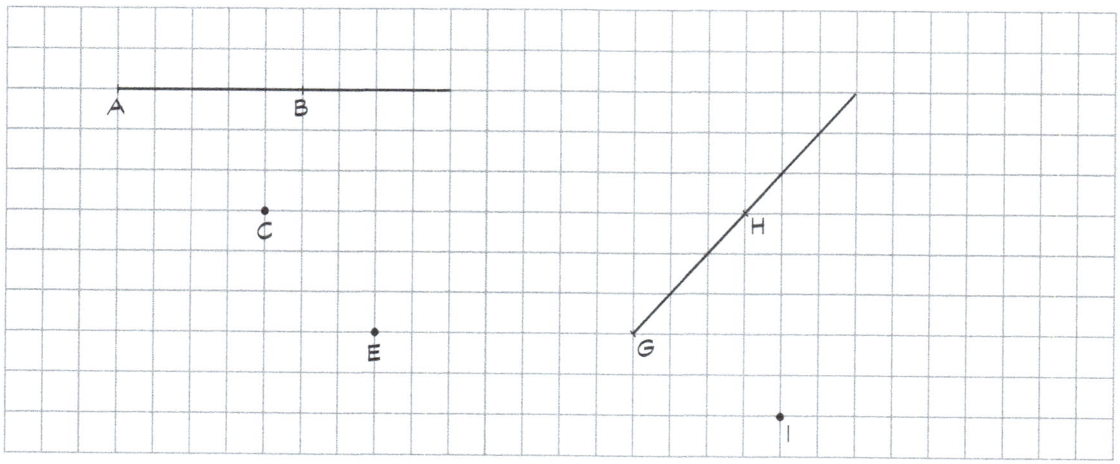

10 Dadas as semirretas $\overrightarrow{AB}$ e $\overrightarrow{AC}$, trace:

- a semirreta $\overrightarrow{AD}$, oposta a $\overrightarrow{AB}$;
- a semirreta $\overrightarrow{AE}$, oposta a $\overrightarrow{AC}$.

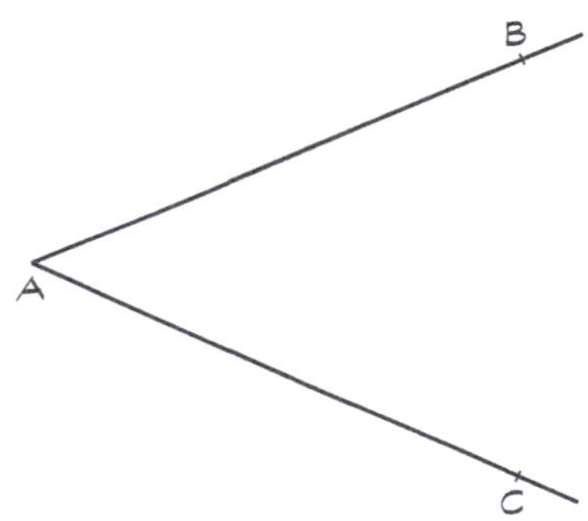

11 Associe corretamente:

(1) $\overleftrightarrow{AB}$ (2) $\overrightarrow{AB}$ (3) $\overrightarrow{BA}$ (4) $\overline{AB}$

( ) 

( ) 

( ) 

( ) 

12 Classifique as afirmações em V (verdadeira) ou F (falsa):

( ) $\overleftrightarrow{AB} = \overleftrightarrow{BA}$

( ) $\overrightarrow{AB} = \overrightarrow{BA}$

( ) $\overline{AB} = \overline{BA}$

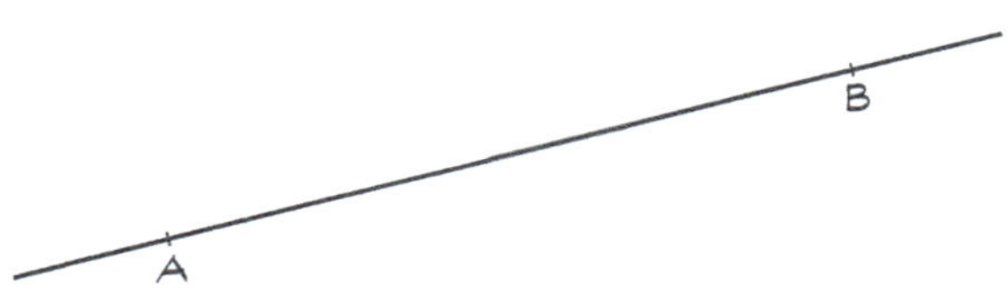

13 Trace todos os segmentos que possuem as duas extremidades nos pontos dados:

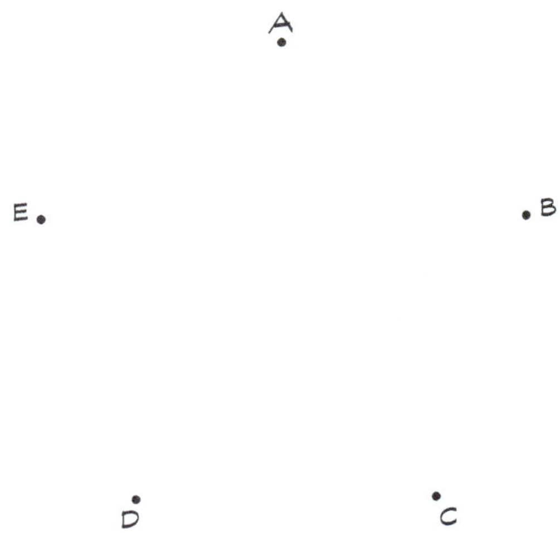

Quantos segmentos você traçou? ______________

14 O que são segmentos consecutivos?

____

____

15 O que são segmentos colineares?

____

____

16 Observe a figura e classifique as afirmações em V (verdadeira) ou F (falsa):

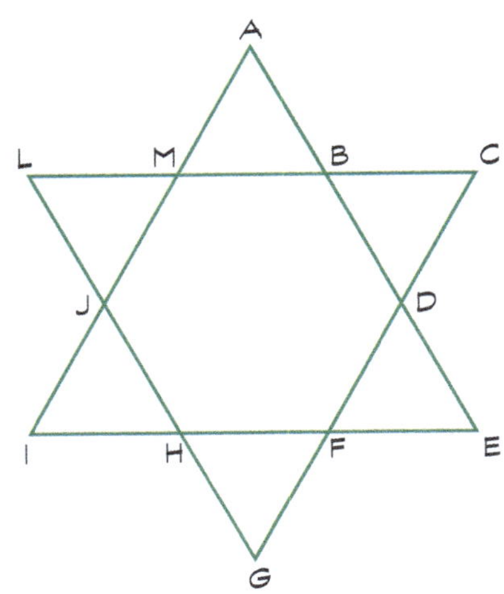

( ) $\overline{BD}$ e $\overline{DF}$ são colineares.

( ) $\overline{AJ}$ e $\overline{JG}$ são consecutivos.

( ) $\overline{AB}$ e $\overline{DE}$ são colineares.

( ) $\overline{AB}$ e $\overline{BC}$ não são consecutivos.

( ) $\overline{AB}$ e $\overline{CD}$ são colineares.

( ) $\overline{CD}$ e $\overline{DF}$ são colineares e consecutivos.

( ) $\overline{CD}$ e $\overline{EF}$ não são colineares nem consecutivos.

( ) $\overline{LM}$ e $\overline{BC}$ são colineares, mas não são consecutivos.

Medidas de comprimento

Veja um exemplo de medida de comprimento no jogo de futebol:

Jox

Para medir a distância que a barreira deve ficar na cobrança de faltas, o juiz utiliza seus passos como unidade de medida.

A distância correta são dez passos. Mas será que os passos de uma pessoa têm sempre o mesmo comprimento? E os passos de pessoas diferentes, são iguais? É fácil perceber que, medindo com passos, não se obtêm resultados precisos.

Neste outro exemplo, uma menina está medindo o comprimento de uma mesa usando o palmo como unidade de medida.

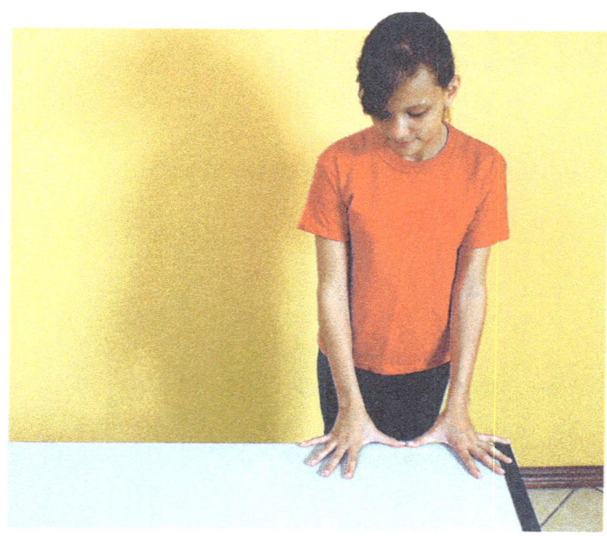

Sérgio Dotta Jr./The Next

Provavelmente, se um adulto medir a mesma mesa com seu palmo, ele obterá um número menor de palmos.

Apesar da imprecisão obtida nessas medidas, os povos da Antiguidade, durante muitos séculos, utilizaram partes do corpo humano como referência para medir comprimentos. Repare nestes exemplos:

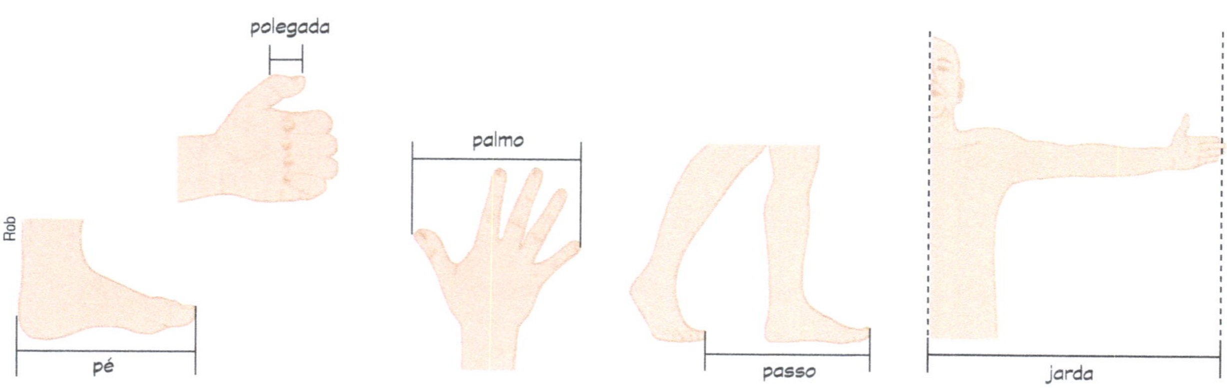

Rob

Com o crescimento das sociedades e do comércio, surgiu a necessidade de padronizar as unidades de medida.

Dessa forma, no decorrer de muitos anos, desenvolveu-se o Sistema Métrico Decimal cuja unidade-padrão de medida de comprimento é o **metro**.

Entretanto, algumas unidades que não pertencem ao Sistema Métrico Decimal ainda são empregadas. No futebol americano, por exemplo, o campo de jogo tem 120 jardas de comprimento por $53\frac{1}{3}$ jardas de largura. Além disso, em todo o campo são traçados os marcadores de jarda, como vemos nas imagens a seguir:

Juan Silva/Iconica/Getty Images

jogo de futebol americano

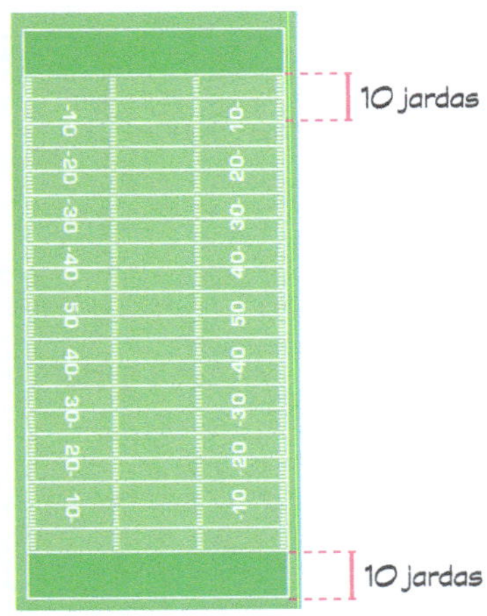

campo de futebol americano

Múltiplos e submúltiplos do metro

Nem sempre o metro é a unidade mais adequada para determinadas medições. Para medir a distância entre duas cidades, por exemplo, o metro é uma unidade muito pequena; para medir a largura de uma fita de tecido, o metro é grande demais. Por isso, foram criados os múltiplos (unidades maiores) e os submúltiplos (unidades menores) do metro.

Veja a tabela a seguir.

múltiplos			**unidade-padrão**	**submúltiplos**		
km	hm	dam	m	dm	cm	mm
1000 m	100 m	10 m	1 m	0,1 m	0,01 m	0,001 m
quilômetro	hectômetro	decâmetro	metro	decímetro	centímetro	milímetro

Medida de um segmento de reta

O segmento de reta é limitado e, portanto, pode ser medido. Para isso, vamos utilizar a régua graduada. Observe a graduação da régua em centímetros e milímetros:

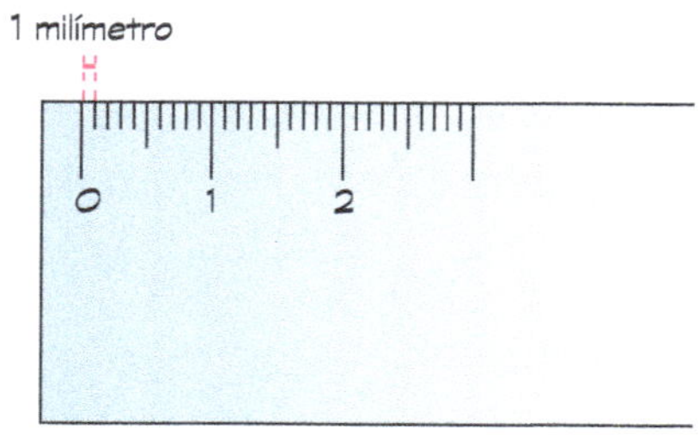

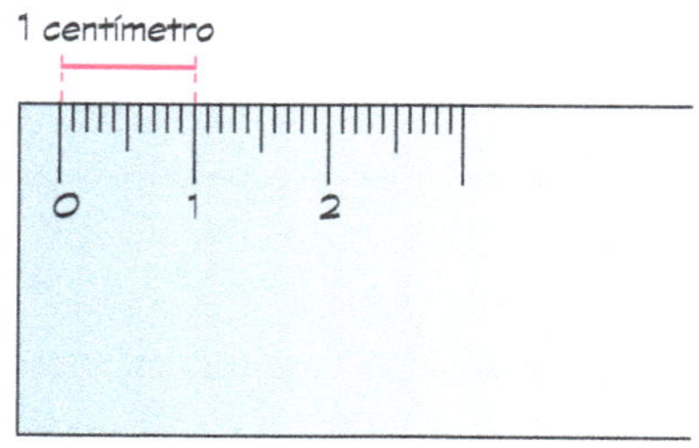

Vamos verificar como podemos notar a medição do segmento de reta $\overline{AB}$, que mede 4 cm:

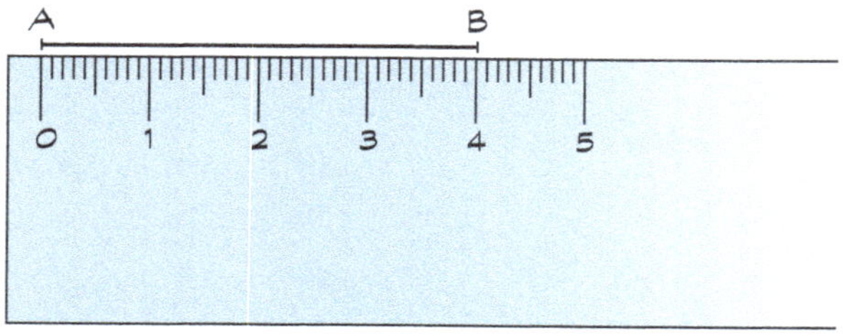

- d(A, B) = 4 cm (a distância entre os pontos A e B é 4 cm)

  ou
- AB = 4 cm ($\overline{AB}$ mede 4 cm)

  ou
- AB = 40 mm ($\overline{AB}$ mede 40 mm).

A notação AB será sempre utilizada quando se refere à medida do segmento $\overline{AB}$.

Para convertermos uma medida de centímetros em milímetros, multiplicamos o valor numérico por dez, pois 1 cm = 10 mm. Inversamente, para convertermos milímetros em centímetros, precisamos dividir por dez.

Exemplos:

AB = 4,5 cm ou AB = 4,5 · 10 mm = 45 mm

CD = 55 mm ou CD = 55 : 10 cm = 5,5 cm

Segmentos congruentes

Dois segmentos de reta são congruentes quando possuem a mesma medida.

- AB = CD (Suas medidas são iguais.)

Representamos que esses dois segmentos são congruentes desta maneira:

- $\overline{AB} \equiv \overline{CD}$ (O símbolo ≡ indica congruência.)

Traçado de segmentos congruentes

Veja como traçar segmentos congruentes a um segmento $\overline{AB}$ em uma reta r, dados:

reta-suporte

Observe a sequência:

Sérgio Dotta Jr./The Next

Marque um ponto A' sobre r:	Tome a medida AB, com a ponta-seca do compasso em A e a de grafite em B:	Com a ponta-seca em A' e abertura AB, trace um arco, determinando o ponto B' em r:
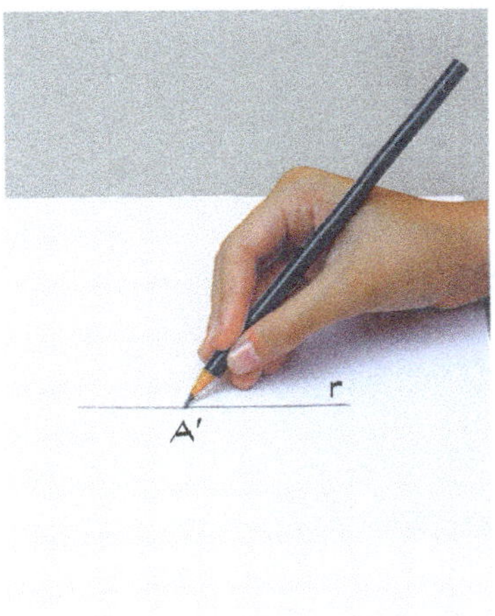	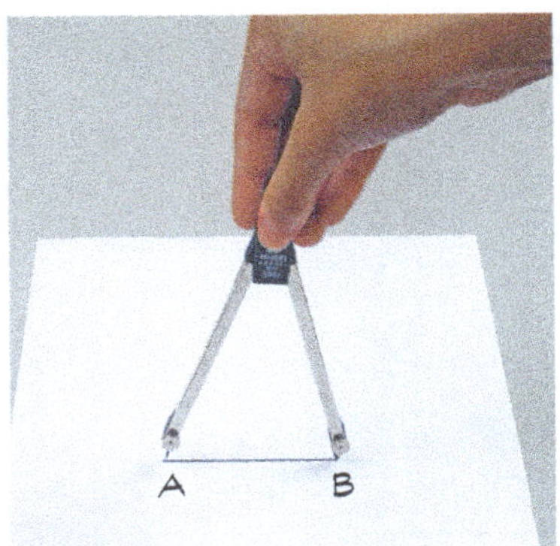	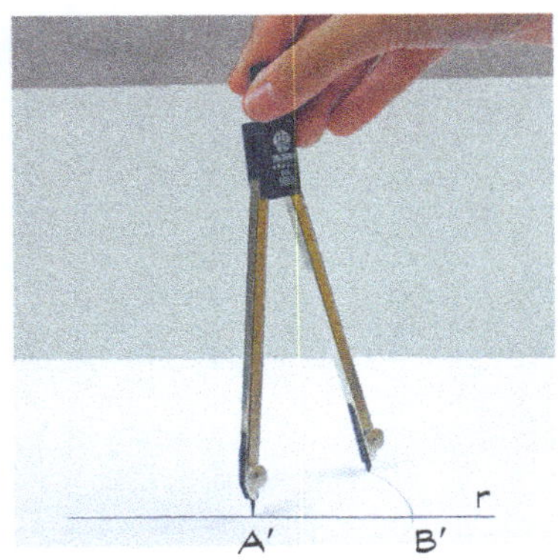 **$\overline{A'B'}$ é congruente a $\overline{AB}$.**

Utilizando o traçado de segmentos congruentes, podemos realizar algumas operações com segmentos.

Operações com segmentos

A seguir damos exemplos de como realizar as operações de soma, subtração e multiplicação com segmentos.

Soma de segmentos

Trace o segmento $\overline{A'D'}$, de modo que A'D' = AB + CD.

Dados:

Observe a sequência:

Trace uma reta-suporte r e, em seguida, trace $\overline{A'B'} \equiv \overline{AB}$:

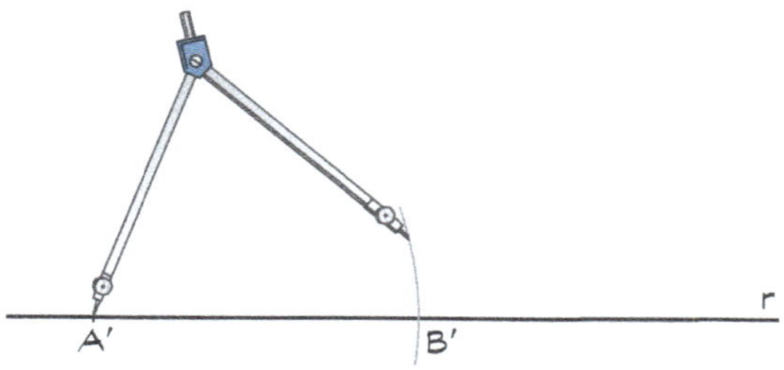

Depois, trace $\overline{C'D'} \equiv \overline{CD}$, de modo que C' coincida com B' e $\overline{C'D'}$ não esteja contido em $\overline{A'B'}$. Dessa forma, obtém-se o segmento $\overline{A'D'}$:

A'D' = AB + CD

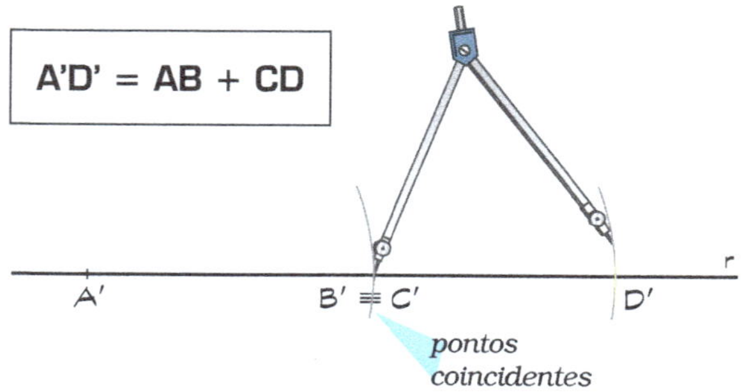

Subtração de segmentos

Trace o segmento $\overline{A'D'}$, de modo que A'D' = AB − CD.

Dados:

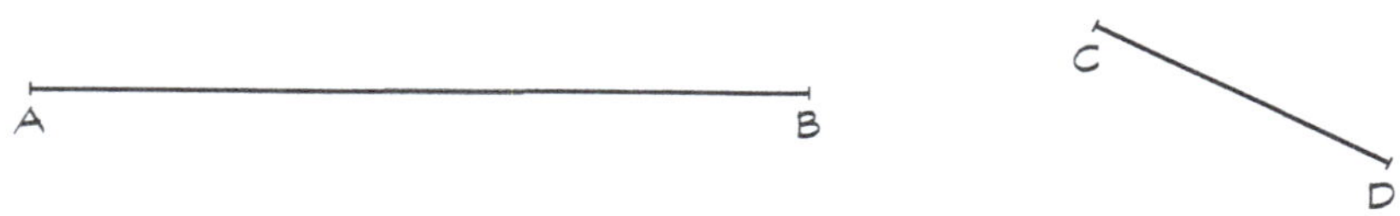

O procedimento é o mesmo da soma das medidas de segmentos, porém o segmento $\overline{C'D'}$ deve estar contido em $\overline{A'B'}$. Dessa forma, encontra-se o segmento $\overline{A'D'}$:

A'D' = AB − CD

Multiplicação de segmentos

Traça-se o segmento $\overline{A'D'}$, tal que A'D' = 3 · AB.

Dado:

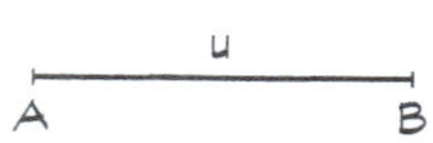

u: medida do segmento $\overline{AB}$

Basta lembrar que 3 · AB = AB + AB + AB.

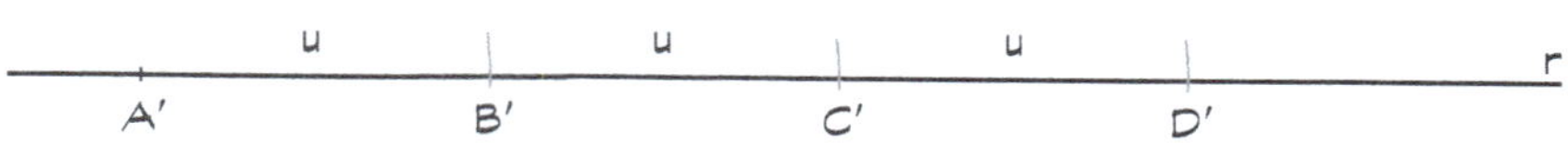

A'D' = 3 · AB

ATIVIDADES

17 Qual é a parte da reta limitada por dois de seus pontos e que podemos medir?

____

18 A professora pediu a seus alunos que medissem o comprimento do tampo da carteira utilizando a caneta como unidade de medida. Veja o resultado que Fernanda obteve:

Rob

O comprimento obtido por Fernanda foi ________ canetas ou ________ u (u: unidade de medida).

19 Dado AB = u, determine a medida dos segmentos:

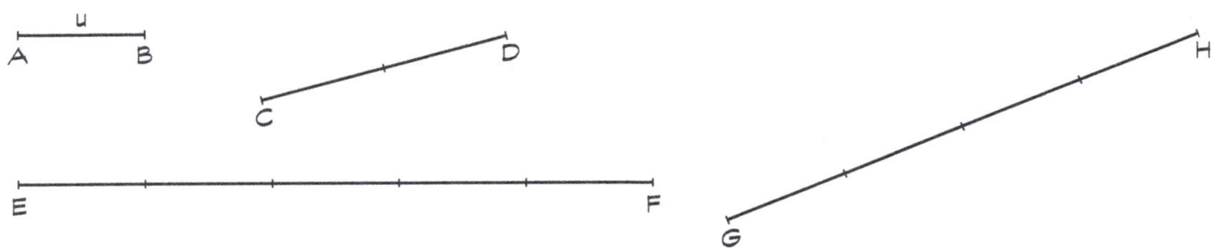

20 Tomando u como unidade de medida, trace os segmentos:

$\overline{AB}$, horizontal, de medida 6 u;

$\overline{EF}$, horizontal, de medida 5 u;

$\overline{CD}$, vertical, de medida 2 u;

$\overline{GH}$, vertical, de medida 3 u.

21 Determine, na unidade de medida solicitada, a medida dos segmentos:

AB (cm) = ________

CD (mm) = ________

EF (mm) = ________

GH (cm) = ________

IJ (cm) = ________

LM (mm) = ________

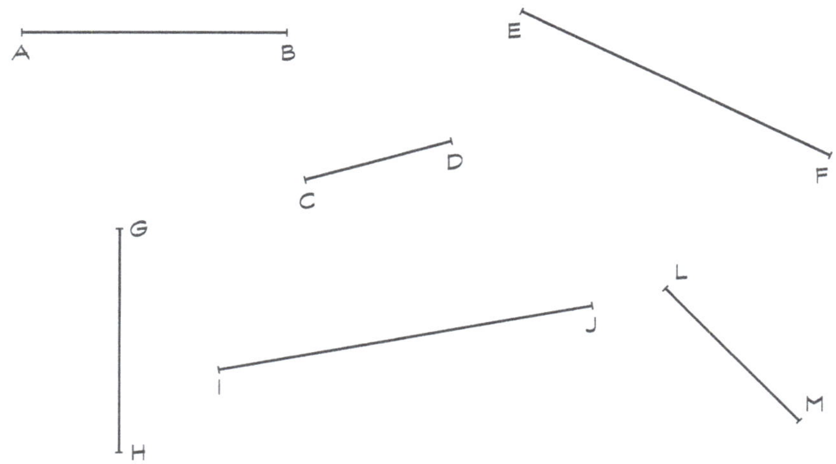

22 Sem utilizar instrumentos de medida, tente descobrir qual é o pedaço de barbante que tem 5 cm de comprimento:

( )

( )

( )

( )

Sérgio Dotta Jr./The Next

Depois, utilizando a régua, verifique se acertou.

23 Converta em milímetros (mm):

a) 4,5 cm = ________

b) 3 cm = ________

c) 5,85 cm = ________

d) 0,7 cm = ________

24 Converta em centímetros (cm):

a) 56 mm = ________

b) 970 mm = ________

c) 180 mm = ________

d) 75 mm = ________

25 O que são segmentos congruentes?

____

26 Utilizando somente o compasso, descubra quais são os segmentos congruentes $\overline{PQ}$:

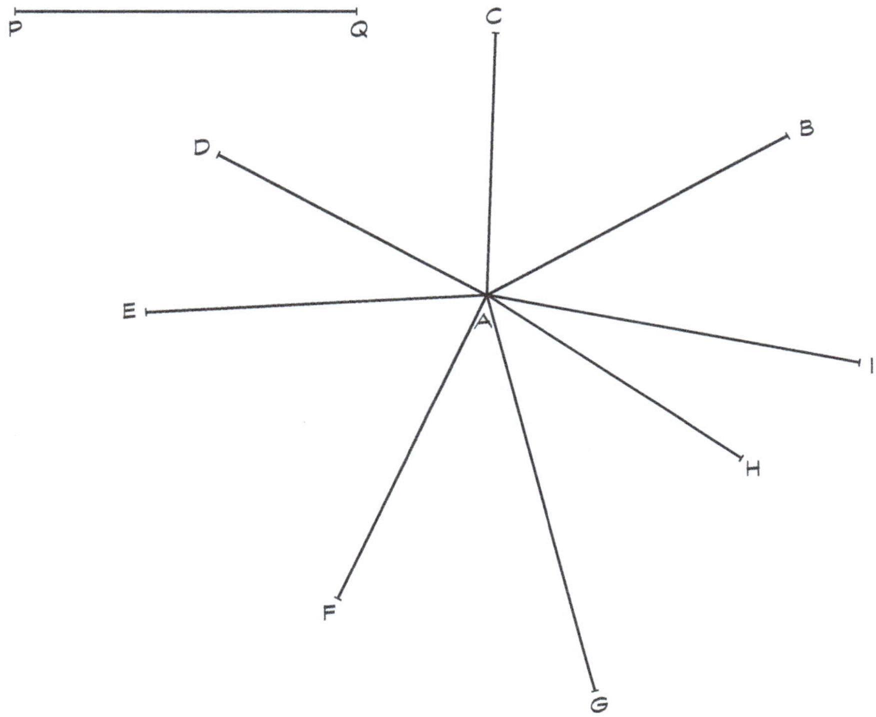

27 Cada triângulo tem três lados. Determine, em cada caso, quantos são os lados congruentes:

a)

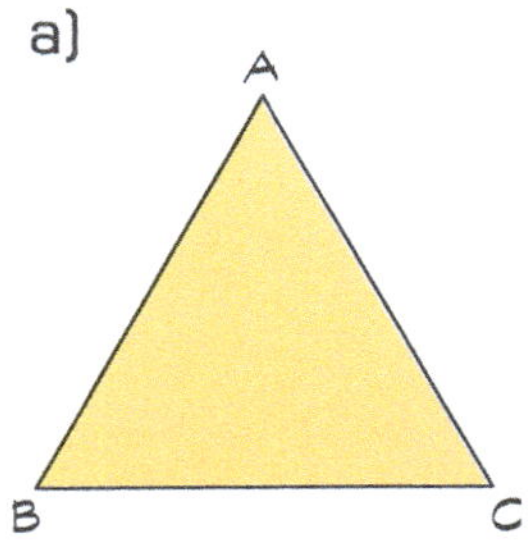

b)

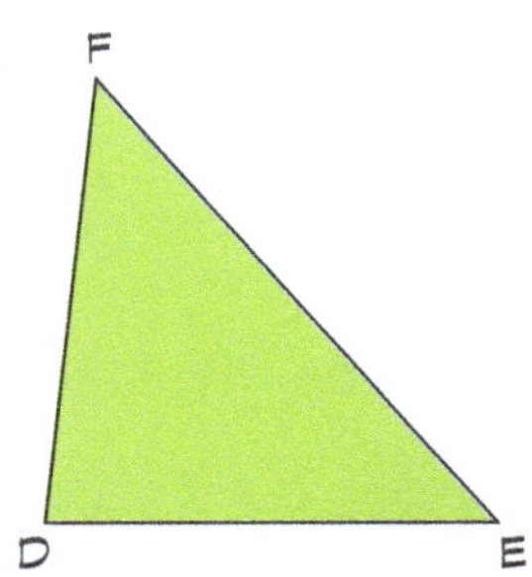

c)

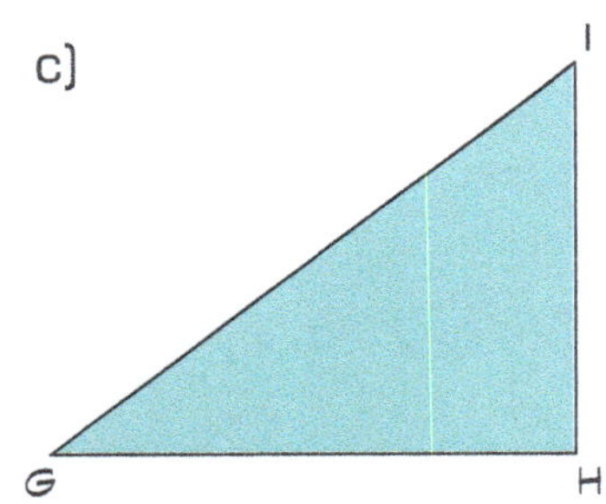

28 Trace $\overline{A'B'} \equiv \overline{AB}$ na reta r:

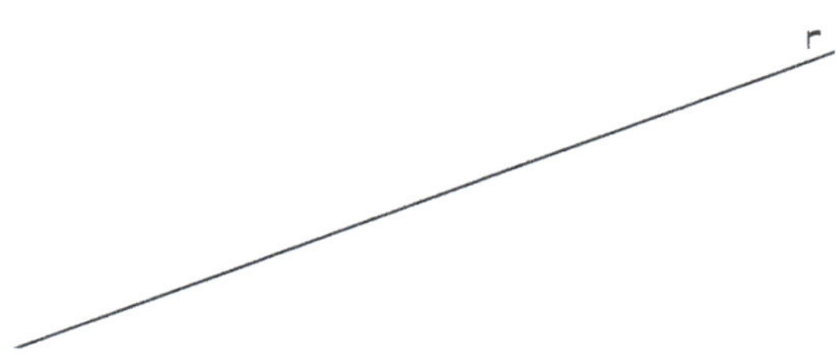

29 Sem utilizar instrumentos de medida, tente descobrir quantos pedaços do barbante menor são necessários para obter a medida do barbante maior:

Sérgio Dotta Jr./The Next

Empregando o transporte de segmentos, verifique se você acertou.

30 Em uma reta r, trace o segmento $\overline{PQ}$ de medida a + b:

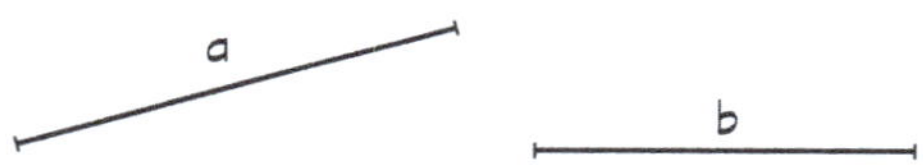

31 Em uma reta s, trace o segmento $\overline{MN}$ de medida a + b + c:

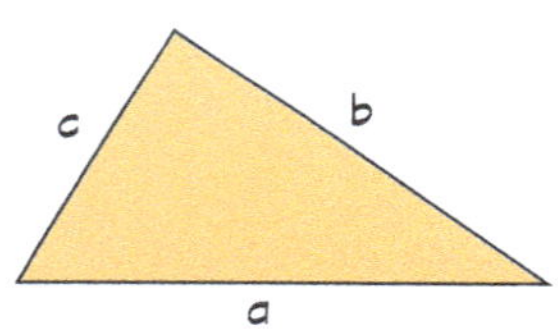

32 Em uma reta t, trace o segmento $\overline{AB}$ de medida a − b:

33 Em uma reta d, trace o segmento $\overline{FG}$ de medida 4 u:

Ponto médio de um segmento

Ponto médio de um segmento de reta é o ponto que divide o segmento em duas partes congruentes.

As marcas '' indicam que os segmentos $\overline{AM}$ e $\overline{MB}$ têm a mesma medida.

M é ponto médio de $\overline{AB}$.

Podemos determinar o ponto médio de um segmento utilizando régua e compasso. Veja a sequência de traçados:

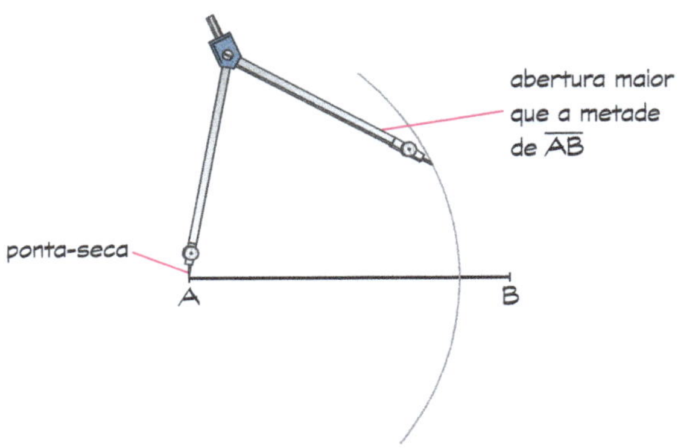

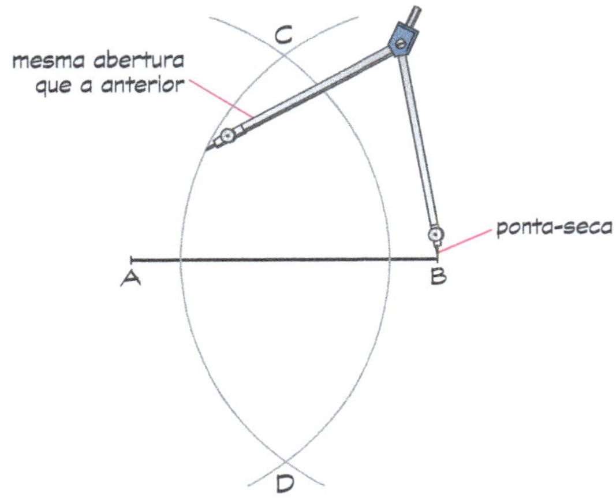

Os pontos C e D são pontos de interseção dos arcos.

Após traçar $\overleftrightarrow{CD}$, determine M em $\overline{AB}$.

M é o ponto médio de $\overline{AB}$.

A reta m traçada chama-se mediatriz do segmento $\overline{AB}$.

(Adiante veremos a definição de reta mediatriz.)

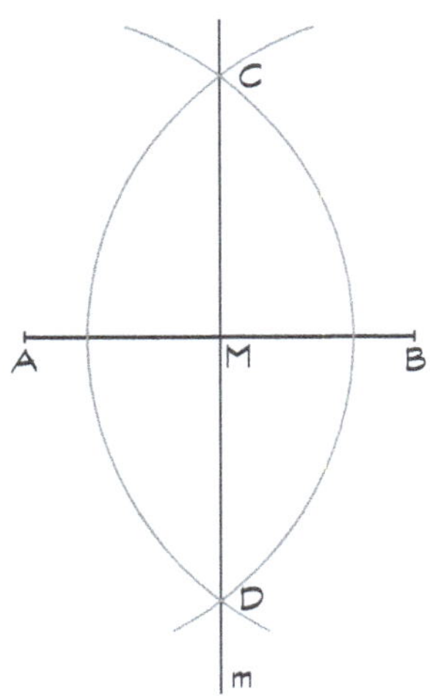

O traçado da mediatriz pode ser utilizado para dividir um segmento em partes congruentes. O número de partes pode ser dois, quatro, oito...

Veja, por exemplo, como proceder para dividir um segmento $\overline{AB}$ em quatro partes congruentes:

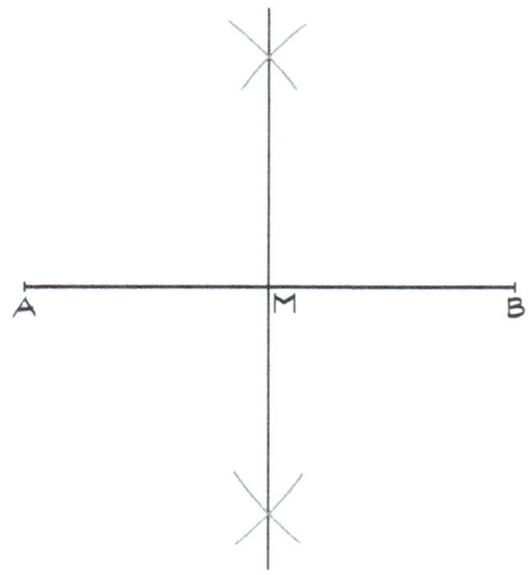

Determine M, ponto médio de $\overline{AB}$.
Não há necessidade de traçar todo o arco.

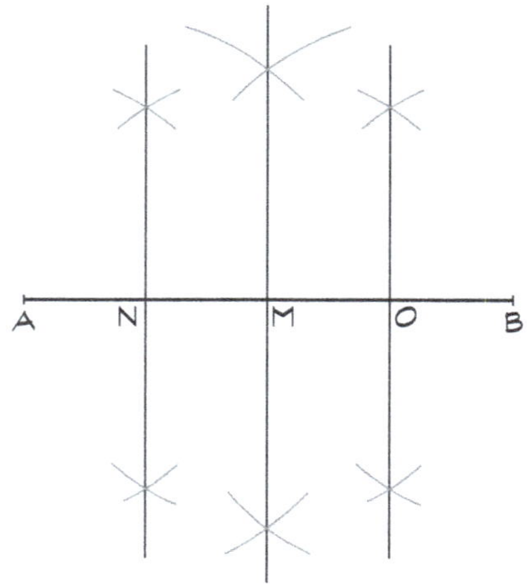

Determine N e O, pontos médios de $\overline{AM}$ e $\overline{MB}$.
Dessa forma, o segmento $\overline{AB}$ foi dividido em quatro segmentos congruentes.

▲■● ATIVIDADES ●■▲

34 O que é ponto médio de um segmento?

____

35 Nos segmentos a seguir, determine o ponto médio M sem utilizar régua:

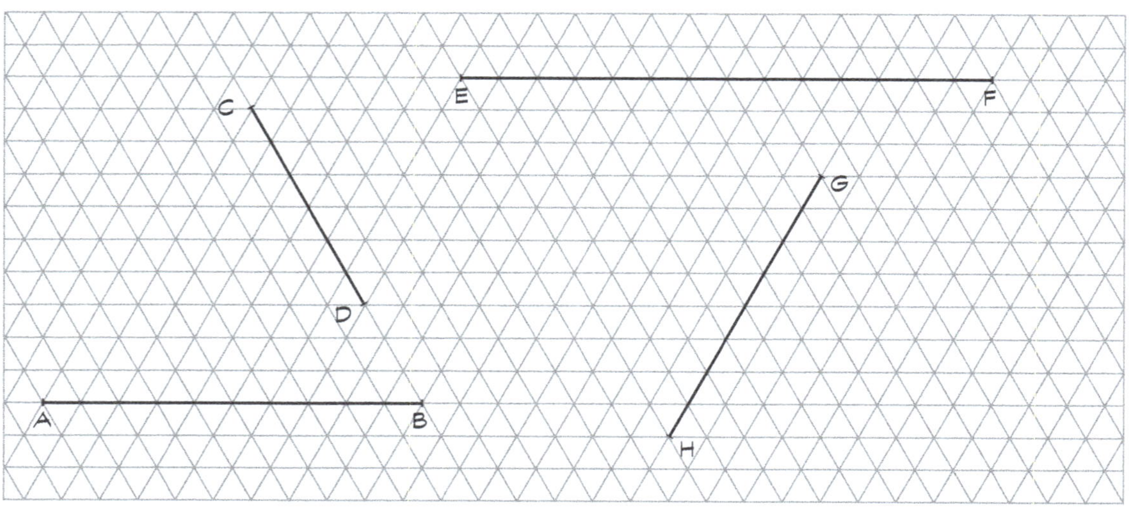

36 Localize na reta r os pontos:

- M, ponto médio de $\overline{AB}$;
- N, ponto médio de $\overline{BP}$.
- P, de modo que B seja ponto médio de $\overline{MP}$;

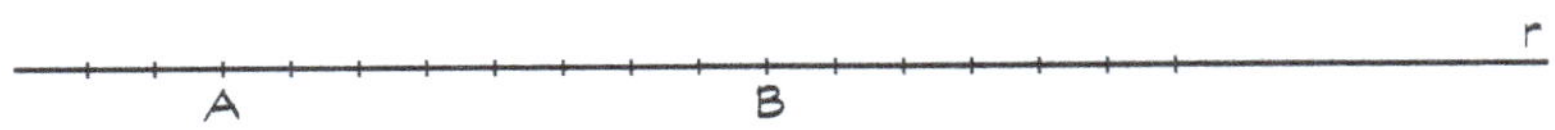

37 Observe a figura ao lado e responda:

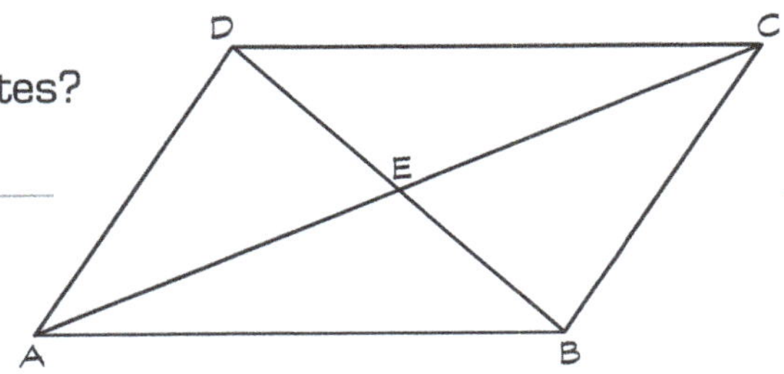

a) Quais são os pares de segmentos congruentes?

____

b) E é o ponto médio de $\overline{BD}$? ______________

c) E é o ponto médio de $\overline{AC}$? ______________

38 Trace a mediatriz dos seguintes segmentos utilizando régua e compasso:

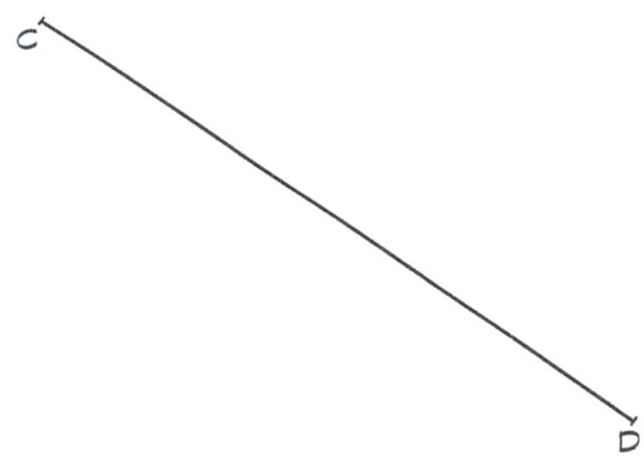

39 Determine o ponto médio dos segmentos utilizando régua e compasso:

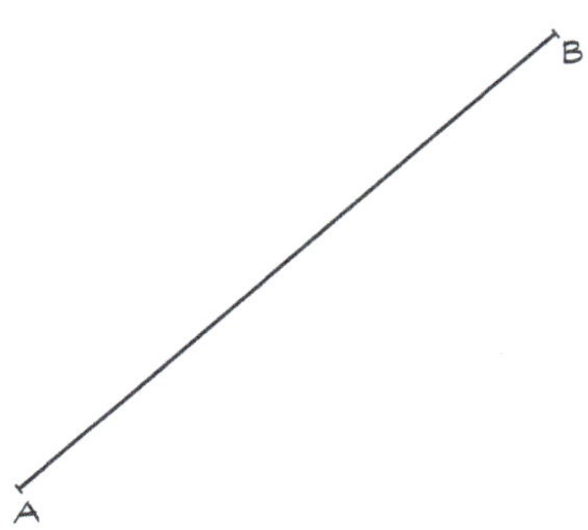

40 Determine o ponto D na interseção das mediatrizes dos segmentos $\overline{AB}$ e $\overline{BC}$:

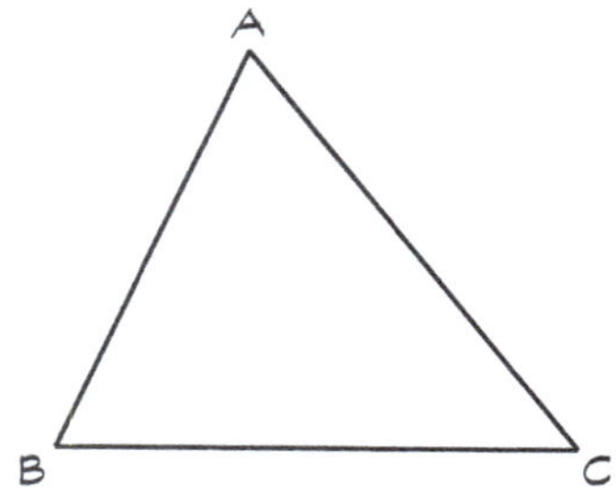

41 Utilizando régua e compasso, trace $\overline{AC}$ e determine M, ponto médio de $\overline{AC}$, na figura abaixo:

a) Os pontos B, M e D são colineares? ______________

b) M é ponto médio de $\overline{BD}$?

____

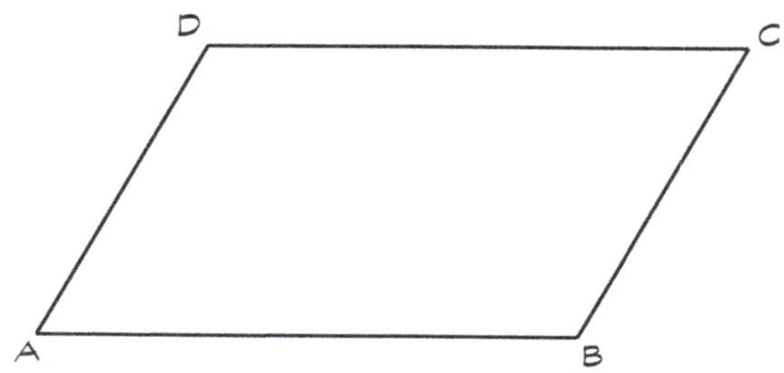

42 Empregando o traçado das mediatrizes, divida os segmentos em quatro partes congruentes:

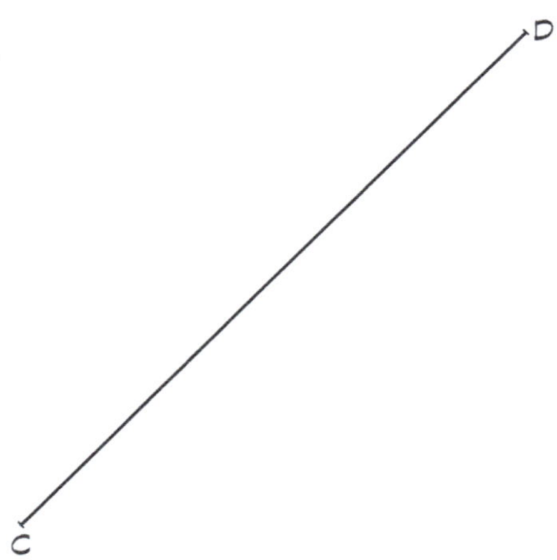

43 Gustavo comeu a metade da barra de chocolate que ganhou e decidiu dividir o outro pedaço igualmente entre seus dois amigos. Utilize o que você aprendeu sobre mediatrizes para dividir a barra de chocolate. Indique o pedaço que cada amigo recebeu.

44 Trace $\overline{AB}$ em r, tal que AB = 3 cm. Trace $\overline{AD}$ em s, congruente a $\overline{AB}$. Determine M, ponto médio de $\overline{BD}$. Trace $\overline{AC}$, de modo que M seja o ponto médio desse segmento. Trace $\overline{BC}$ e $\overline{CD}$.

Que figura você obteve? ______________________

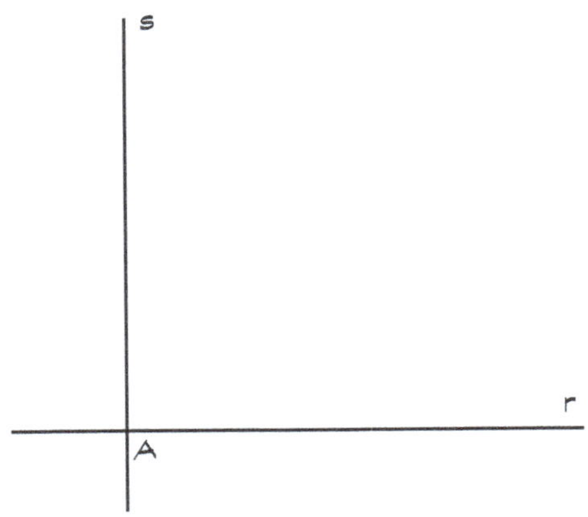

Retas coplanares

Retas coplanares são retas que estão contidas em um mesmo plano.

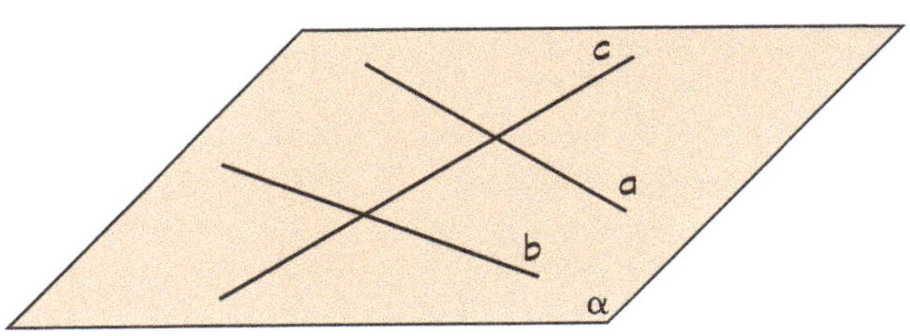

$$\left.\begin{array}{l} a \subset \alpha \\ b \subset \alpha \\ c \subset \alpha \end{array}\right\} \Rightarrow \text{a, b, c são coplanares}$$

Veja um exemplo de retas não coplanares:

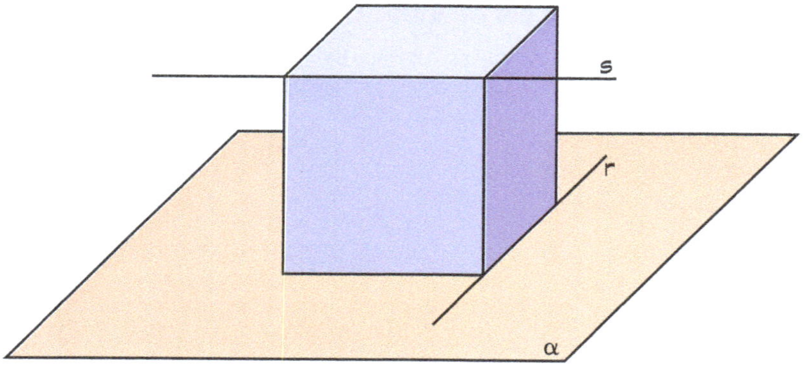

As retas r e s não são coplanares, pois elas não estão contidas em um mesmo plano.

Posições relativas de retas coplanares

Posições relativas de retas são as posições de uma em relação a outra. Vamos estudar essas possíveis posições no plano.

Retas concorrentes

As retas r e s têm um único ponto comum. Nesse caso, dizemos que r e s são retas concorrentes.

P é o ponto de interseção de r e s.

Indicamos: {P} = r ∩ s.

interseção

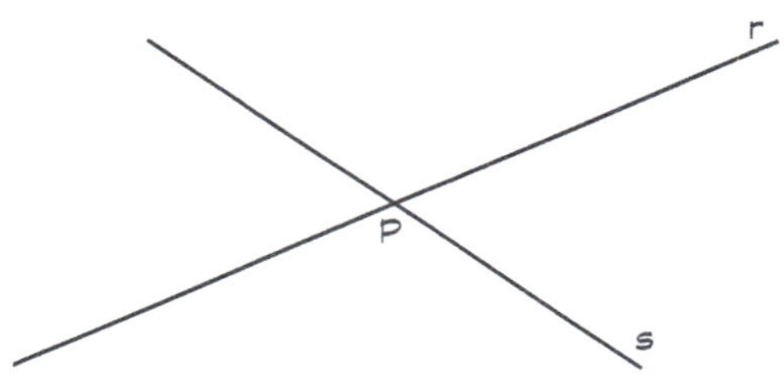

Retas coincidentes

As retas r e s têm todos os pontos comuns. Nesse caso, dizemos que r e s são retas coincidentes e indicamos r ≡ s.

coincidente

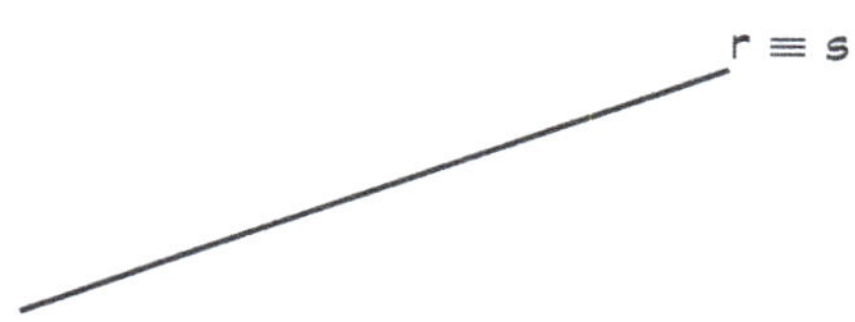

Retas paralelas

As retas r e s não têm nenhum ponto em comum. Nesse caso, dizemos que r e s são retas paralelas e indicamos r//s.

paralela

r//s

Caso particular de retas concorrentes

Quanto às retas concorrentes, há um caso muito importante: as **perpendiculares**.

Para entendermos o conceito de retas perpendiculares, vamos observar os seguintes exemplos:

As retas r e s dividem o plano α em regiões com "aberturas" diferentes. Nesse caso, dizemos que as retas são apenas concorrentes.

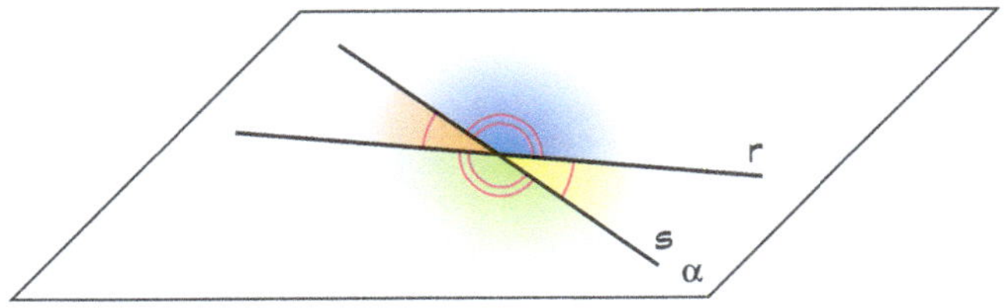

As retas r e s dividem o plano α em regiões com "aberturas" iguais. Nesse caso, dizemos que as retas, além de concorrentes, são **perpendiculares**. Indicamos r ⊥ s.

perpendicular

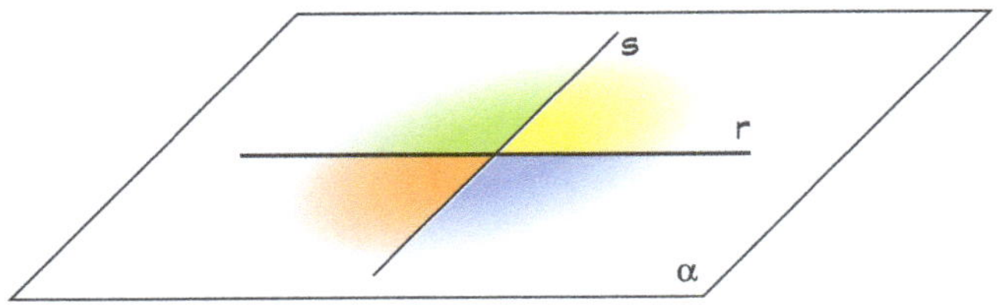

Cada região forma um "canto reto". Adiante veremos que esse canto tem um nome especial.

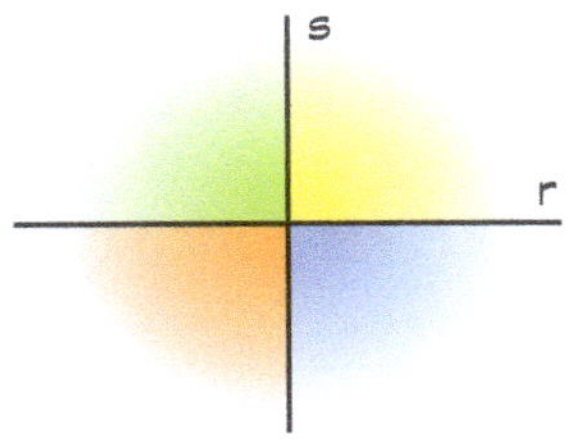

Indicamos que há um "canto reto" com o símbolo 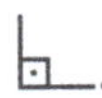.

Veja alguns exemplos nos quais podemos encontrar esses "cantos retos":

Marcelo Kura/Editora Abril

caderno

Editora Abril

caixa de CD

Fabio Colombini

sala

▲■● ATIVIDADES ●■▲

45 O que são retas coplanares? ______________________________

46 Associe corretamente as colunas:

(1) concorrentes

(2) paralelas

(3) coincidentes

( )

( )

( )

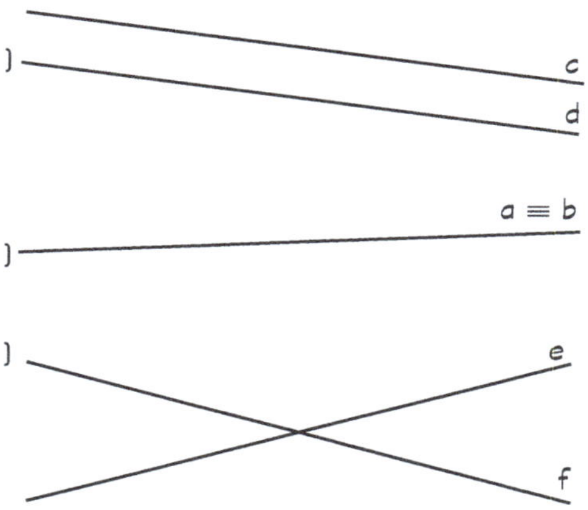

47 Destaque com a mesma cor os pares de retas paralelas:

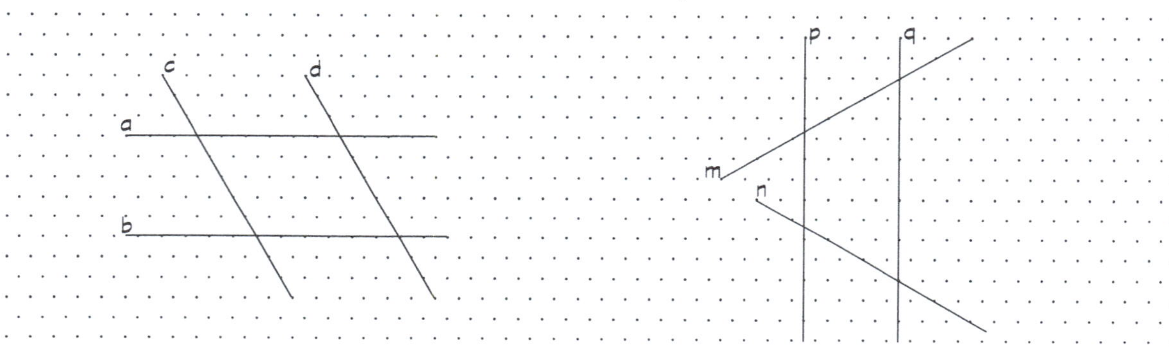

Escreva os pares de paralelas, empregando o símbolo apropriado.

____

48 Destaque com a mesma cor os pares de retas perpendiculares:

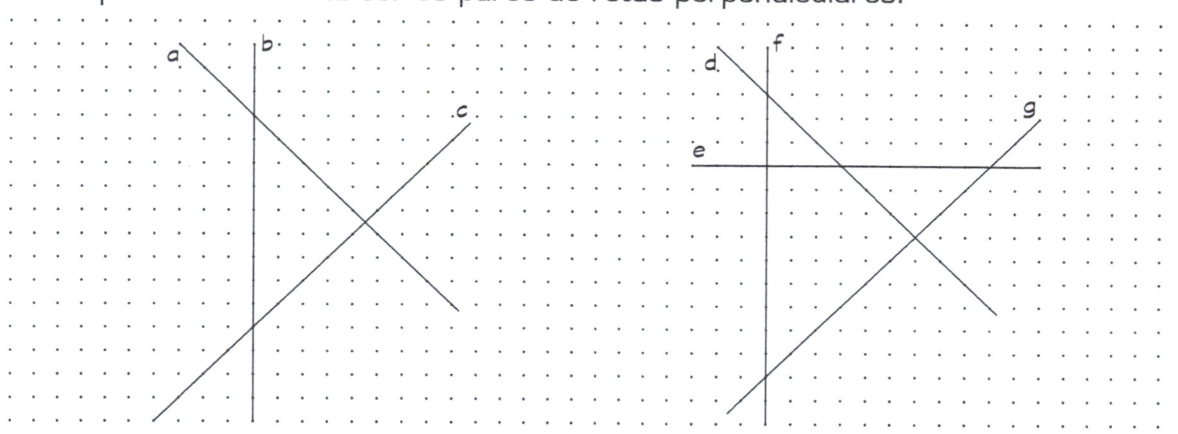

Escreva os pares de retas perpendiculares, empregando o símbolo apropriado.

49 Na malha quadriculada a seguir, trace as seguintes retas:

- reta a, horizontal, passando por T;
- reta b, passando por M e N;
- reta c, paralela à reta a, passando por P;
- reta d, paralela à reta b, passando por Q;
- reta t, perpendicular à reta a, passando por T.

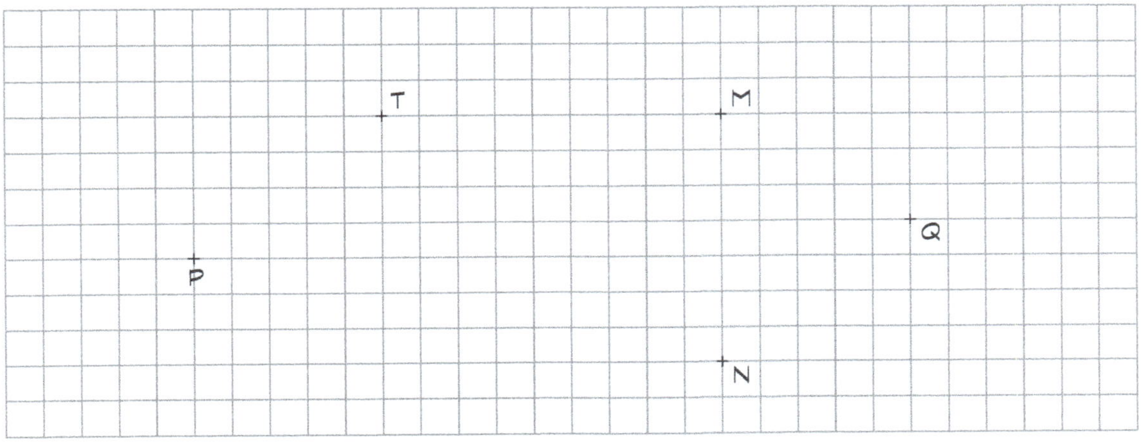

50 Veja o quadro do artista Pedro Américo:

Museu Paulista da USP, São Paulo

Óleo sobre tela, 415 cm × 760 cm. Museu Paulista, São Paulo (SP). *Independência ou morte*, de Pedro Américo, 1888.

Esse quadro, também conhecido como *O grito do Ipiranga*, foi pintado pelo artista em 1888, a pedido do governo de São Paulo, para retratar um fato histórico que ocorreu em 7 de setembro de 1822.

Que fato histórico foi esse? ______

A pintura pertence ao acervo do Museu Paulista da Universidade de São Paulo, mais conhecido como Museu do Ipiranga e localizado na cidade de São Paulo. Nesse museu encontram-se vários objetos e obras de arte relacionados ao período da Independência do Brasil.

Christian Knepper/Opção Brasil Imagens

Museu do Ipiranga em São Paulo (SP).

Veja a localização do museu no mapa abaixo:

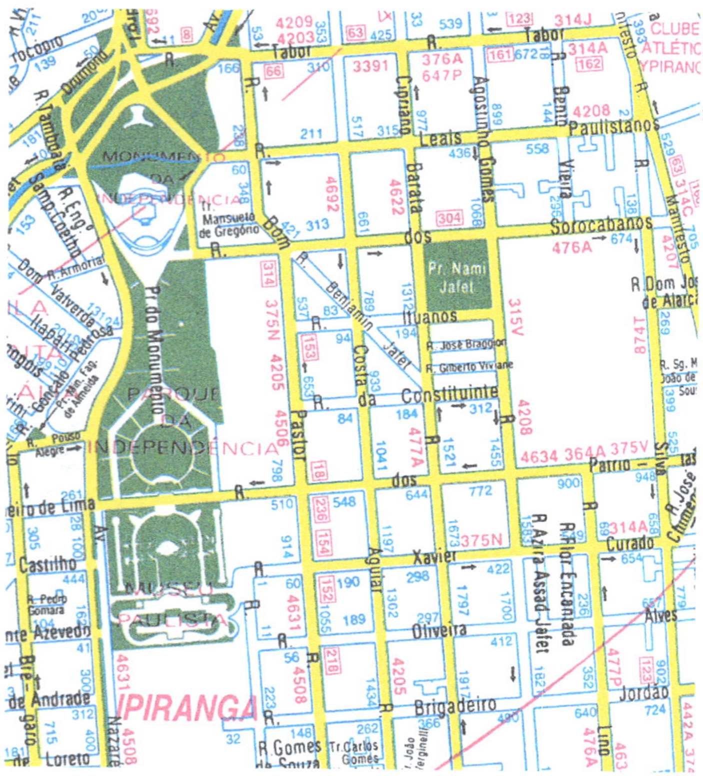

Mapograf Editora

Na linguagem comum, também empregamos o conceito de paralelas e perpendiculares, por exemplo, quando queremos localizar as ruas de uma cidade.

a) Dê dois exemplos de ruas paralelas à Rua Cipriano Barata:

____

____

b) Dê dois exemplos de ruas perpendiculares à Rua Cipriano Barata:

____

____

c) Dê um exemplo de uma rua perpendicular à Rua Xavier Curado:

____

d) Dê um exemplo de uma rua que se cruza com a Rua Ituanos, mas não é perpendicular a ela: ______________________

Traçado de paralelas e perpendiculares

Veremos agora como traçar paralelas e perpendiculares com o auxílio do par de esquadros.

Em primeiro lugar, observe estas regras:

- utilize sempre o par de esquadros, não apenas um deles;
- nas construções, um esquadro deve estar fixo, enquanto o outro se movimenta.

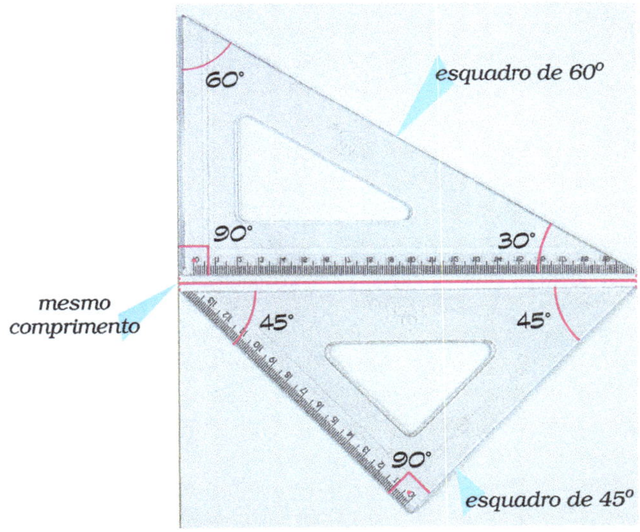

Sérgio Dotta Jr./The Next

Traçado de retas paralelas

A seguir veremos como traçar retas paralelas à reta r.

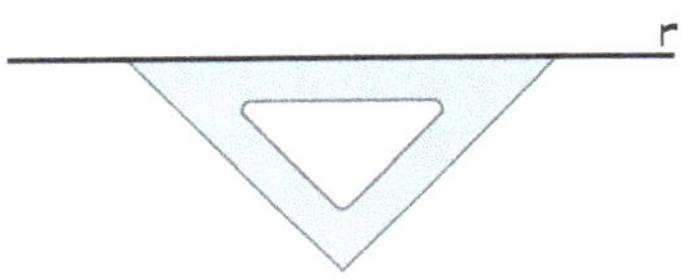 **Posicione o esquadro de 45°, conforme indicado.**	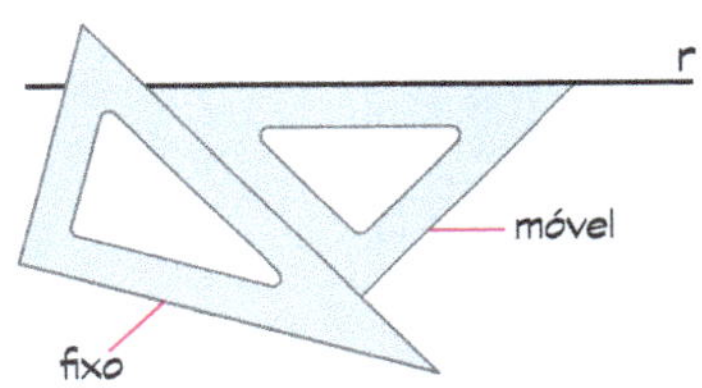 **Fixe o esquadro de 60°.**	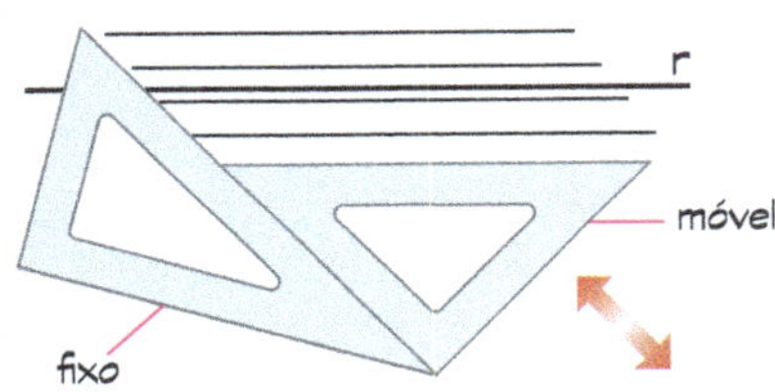 **Movimente o esquadro de 45° para cima ou para baixo e trace as retas paralelas.**

Utilizando o traçado de paralelas com o par de esquadros, podemos dividir um segmento em um número qualquer de partes congruentes.

Veja o exemplo em que o segmento $\overline{AB}$ é dividido em três partes congruentes.

1.°) passo: trace, pelo ponto A, uma reta r que não contenha o segmento $\overline{AB}$.

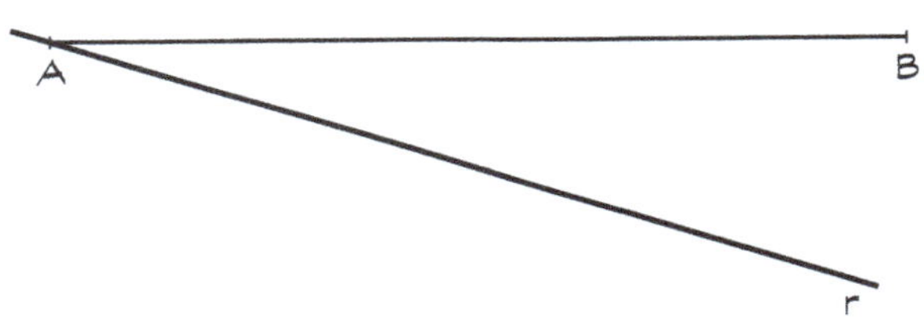

2.º) passo: a partir do ponto A, marque os pontos A_1, A_2 e A_3 sobre a reta r utilizando compasso e mantendo sempre a mesma abertura (abertura qualquer).

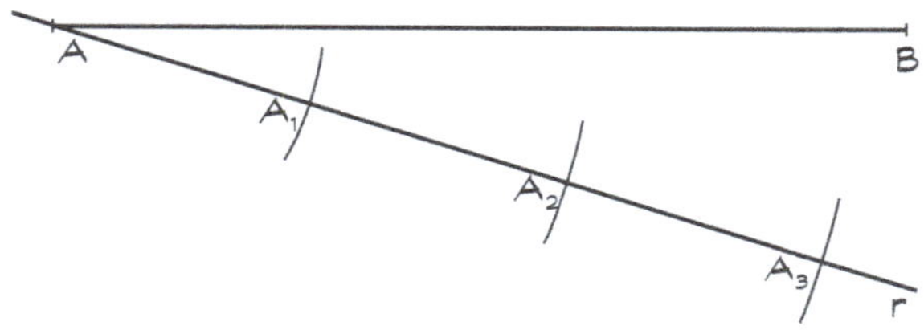

3.º) passo: trace a reta A_3B. Com o auxílio do par de esquadros, trace paralelas a ela passando pelos pontos A_1 e A_2 e determinando os pontos C e D em $\overline{AB}$.

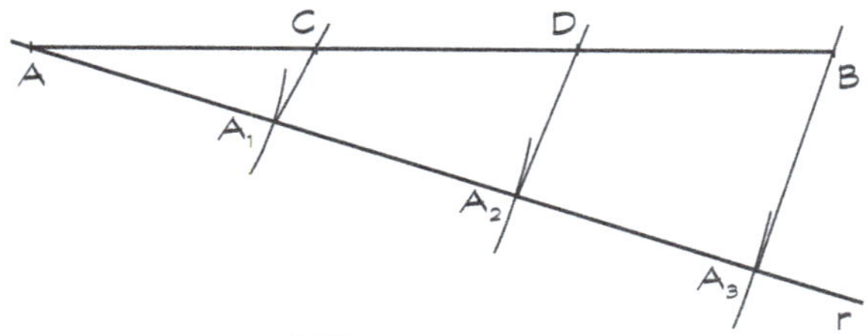

Esses pontos dividem o segmento $\overline{AB}$ em três partes congruentes.

Traçado de retas perpendiculares

Veremos a seguir como traçar retas perpendiculares à reta r:

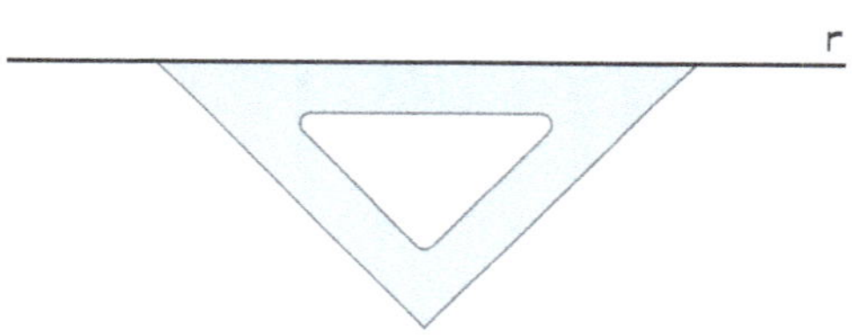

Posicione o esquadro de 45°, conforme indicado.

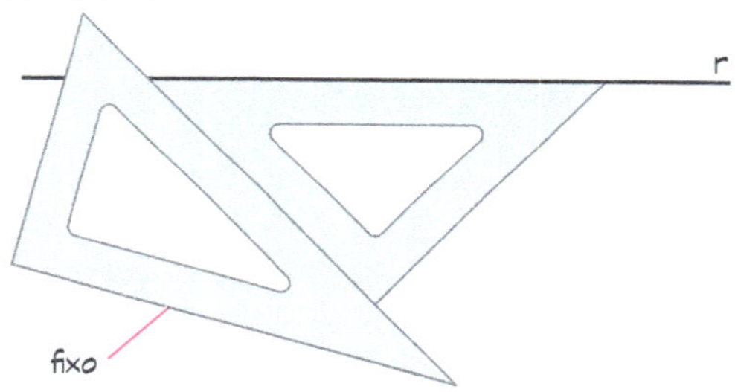

Fixe o esquadro de 60°.

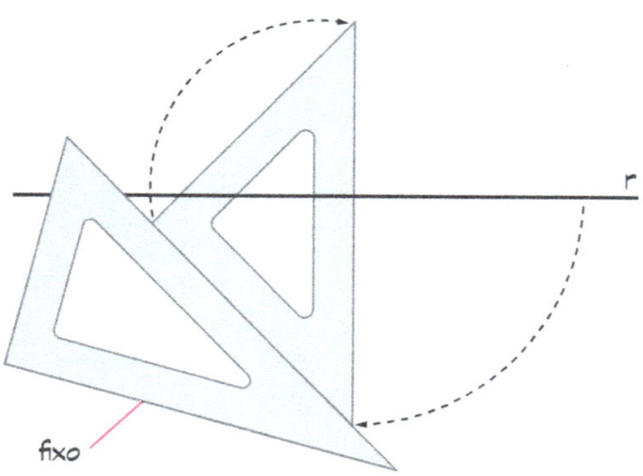

Gire o esquadro de 45°.

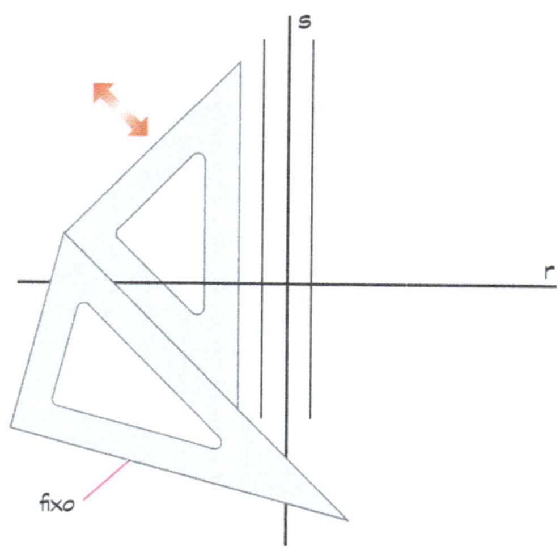

Movimente o esquadro de 45° e trace as retas perpendiculares.

ATIVIDADES

51 Trace duas retas paralelas à reta r:

52 Trace a reta r paralela a s, passando pelo ponto P:

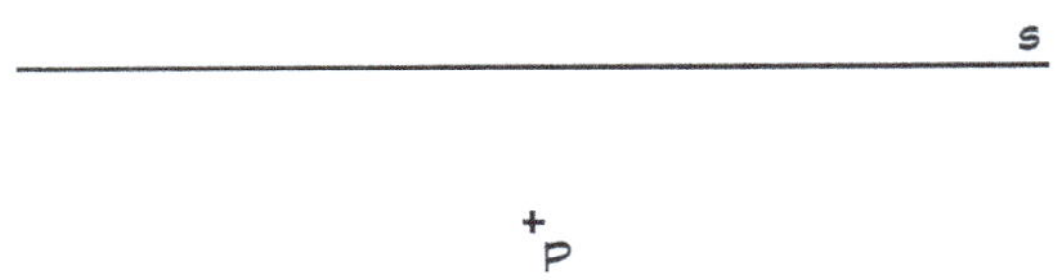

53 Trace paralelas à reta r, passando pelos pontos dados:

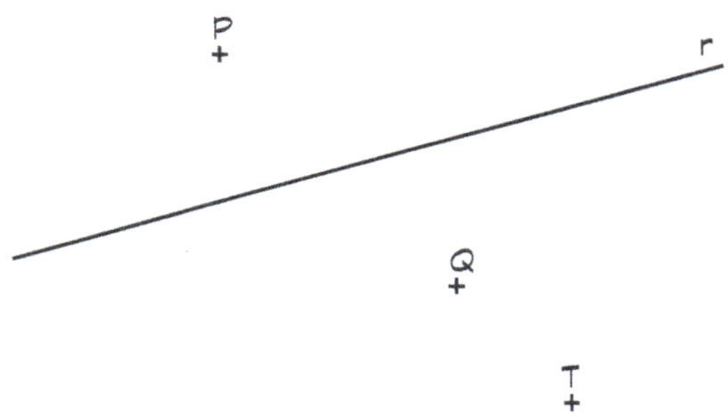

54 Você sabe o que é ilusão de ótica?

O termo **ilusão de ótica** é aplicado para todas as imagens que enganam nosso cérebro, fazendo-nos enxergar figuras distorcidas, com alterações de tamanho ou movimentos e que não correspondem à figura real.

Veja algumas figuras criadas por Akiyoshi Kitaoka, professor de uma universidade em Quioto, no Japão:

A barnacle. Akiyoshi Kitaoka, 2004 (June 16).

As linhas parecem curvas, mas são linhas retas verticais e horizontais.

Atlantis. Akiyoshi Kitaoka, 2004 (Feb. 24).

As linhas parecem distorcidas, mas são paralelas.

Na figura apresentada abaixo, trace paralelas à reta r pelos pontos assinalados na reta s:

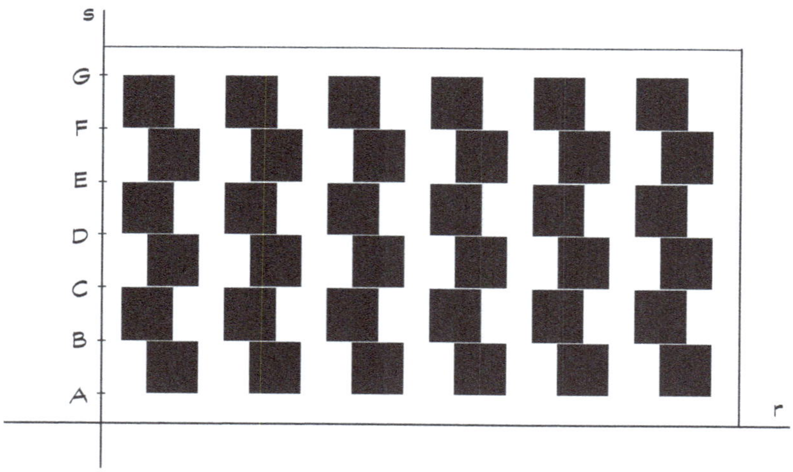

Não dá a impressão de que as linhas ficaram inclinadas? ______

55 Divida o segmento $\overline{AB}$ em cinco partes congruentes:

56 Trace duas retas perpendiculares à reta r:

57 Trace a reta m, perpendicular à reta r, passando pelo ponto P:

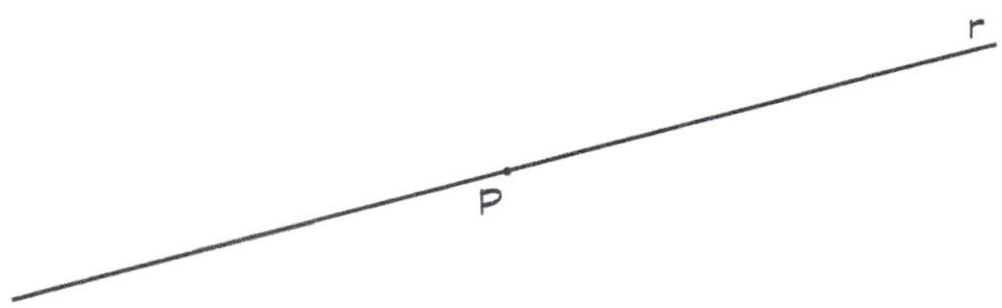

58 Trace retas perpendiculares à reta r, passando pelos pontos dados:

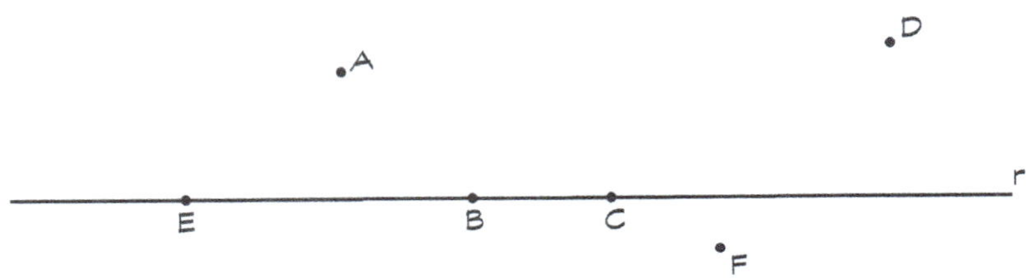

59 Trace as retas:

- r, perpendicular a $\overline{AB}$, passando pelo ponto C;
- s, perpendicular a $\overline{AC}$, passando pelo ponto B;
- t, perpendicular a $\overline{BC}$, passando pelo ponto A.

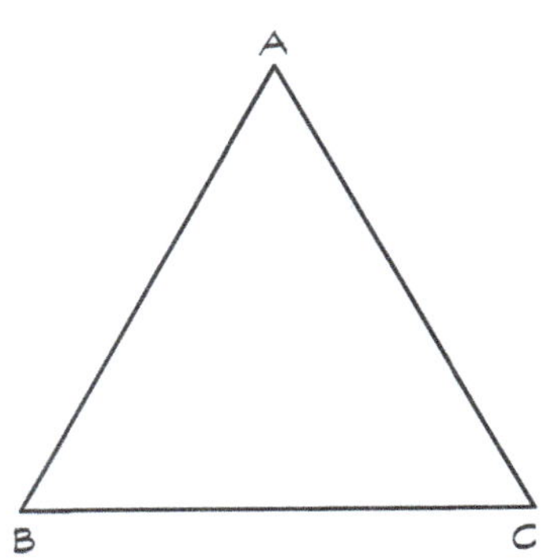

Determine o ponto O de interseção das retas r, s e t.

60 Construa o triângulo DEF, conforme o modelo:

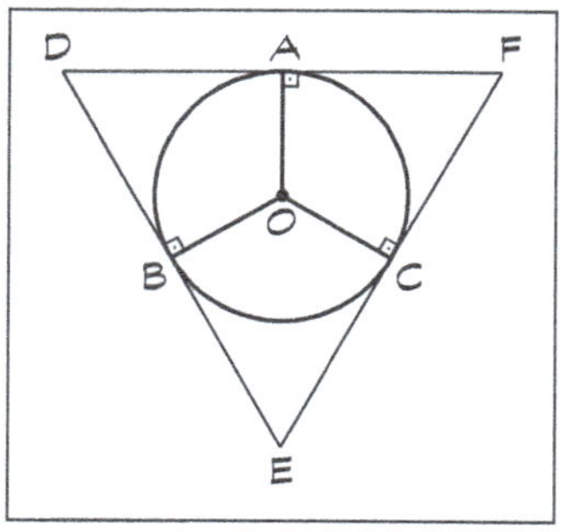

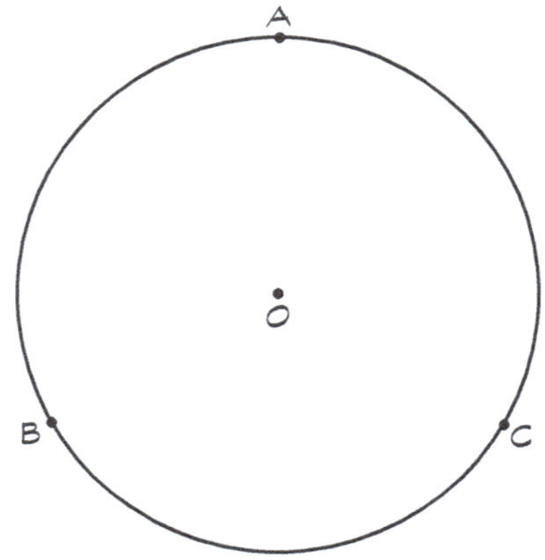

61 Determine o ponto H na reta r, de modo que $\overline{CH}$ seja perpendicular a r:

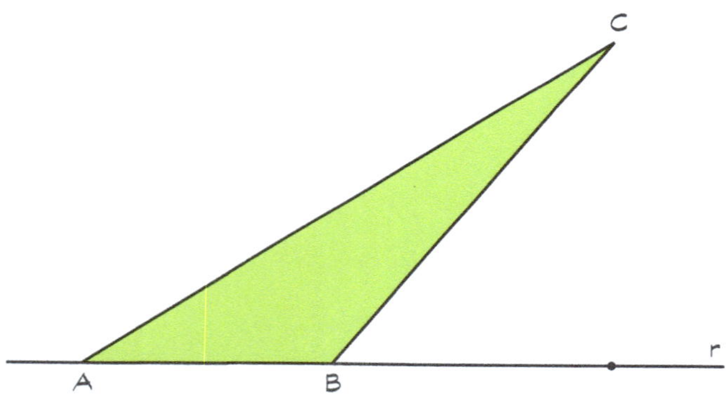

62 Determine o ponto D, de modo que $\overline{AB} // \overline{CD}$ e $\overline{BC} // \overline{AD}$:

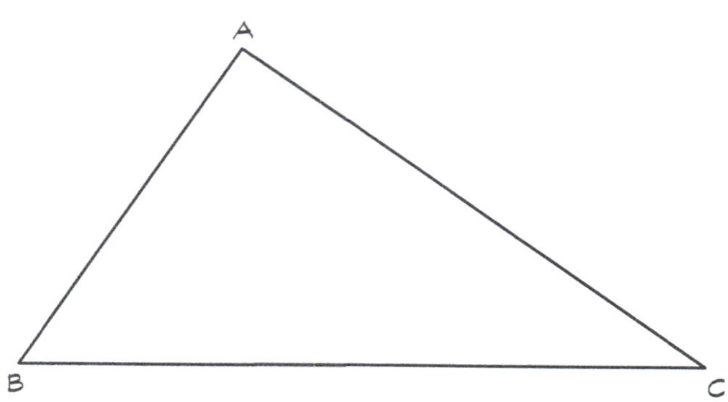

ALGO A MAIS

Curiosidades sobre a televisão

Aproximadamente em 90% das casas brasileiras há um aparelho de televisão. Esse número supera até mesmo a quantidade de casas em que há geladeira, em torno de 87%.

Convencionalmente, as dimensões de um televisor são dadas em polegadas e a definição de seu tamanho é dada pela medida da diagonal de seu monitor:

Divulgação/Editora Abril

Considerando que uma polegada equivale a 2,54 cm, a diagonal da tela de uma televisão de 29 polegadas deveria medir 73,66 cm.

Na realidade, porém, muitas vezes a medida é menor. Uma televisão de 29 polegadas pode ter até 5 cm a menos na diagonal da tela.

Será que estamos sendo enganados?

Não. Segundo o Instituto Nacional de Metrologia, Normalização e Qualidade Industrial (Inmetro), órgão responsável pela fiscalização, a dimensão da tela em polegadas refere-se à dimensão do tubo de imagem e não à medida da diagonal que enxergamos, aquela que efetivamente mostra a imagem.

O tubo fica oculto, é a parte interna do aparelho. Para conferir sua medida, seria necessário desmontar a televisão.

As televisões mais modernas e os monitores para computador são de plasma ou cristal líquido; já não possuem o tubo de imagem. Por isso, nesses aparelhos, a medida da diagonal da tela corresponde, de fato, às indicações do produto.

4. Ângulos

No dia a dia, deparamos com várias situações que nos dão a ideia de ângulo.

inclinação da escada

fachada de telhados

Rob

fatia de *pizza*

intervalo entre os ponteiros do relógio

Conceito de ângulo

Um **ângulo** é formado por duas semirretas de mesma origem e pela região interna a essas semirretas.

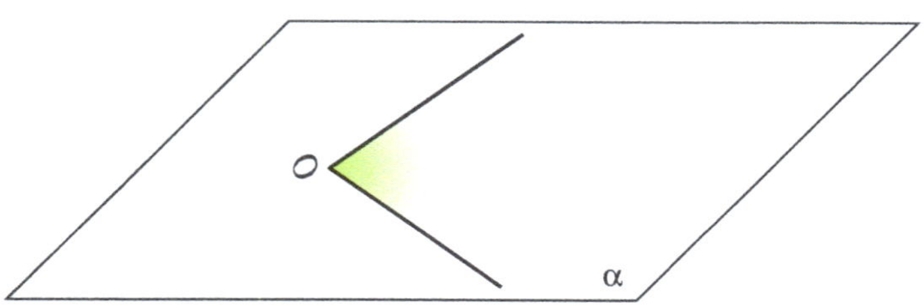

Observe:

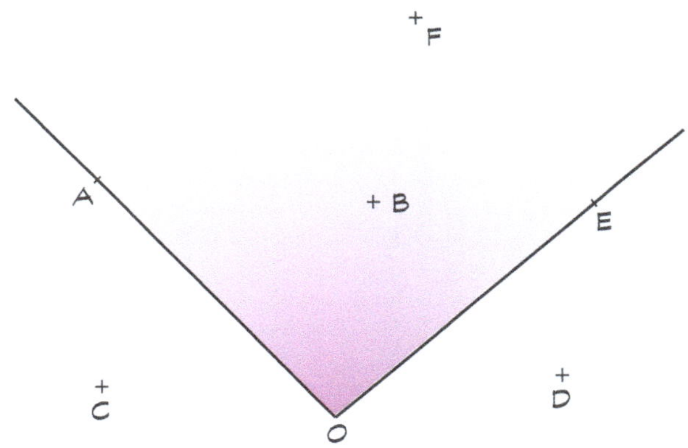

Os pontos A, O, E, B e F pertencem ao ângulo. Os pontos C e D não pertencem ao ângulo.

Elementos de um ângulo

São eles:

- **vértice:** é o ponto de origem das semirretas;
- **lados:** são as semirretas.

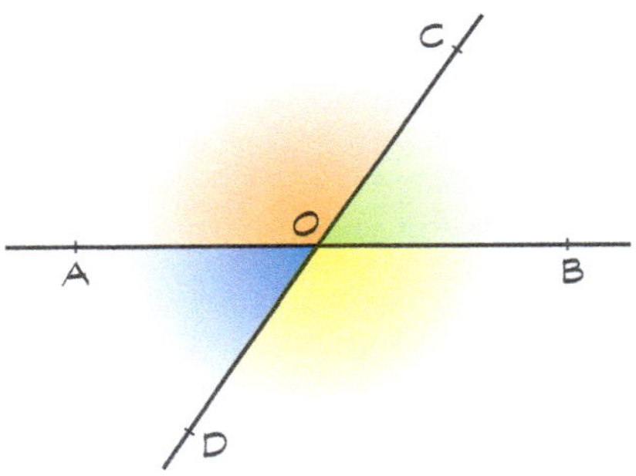

- Em amarelo, o ângulo de vértice O e lados $\overrightarrow{OB}$ e $\overrightarrow{OD}$.
- Em azul, o ângulo de vértice O e lados $\overrightarrow{OA}$ e $\overrightarrow{OD}$.
- Em laranja, o ângulo de vértice O e lados $\overrightarrow{OA}$ e $\overrightarrow{OC}$.
- Em verde, o ângulo de vértice O e lados $\overrightarrow{OB}$ e $\overrightarrow{OC}$.

Identificação de ângulos

Observe o ângulo ao lado:

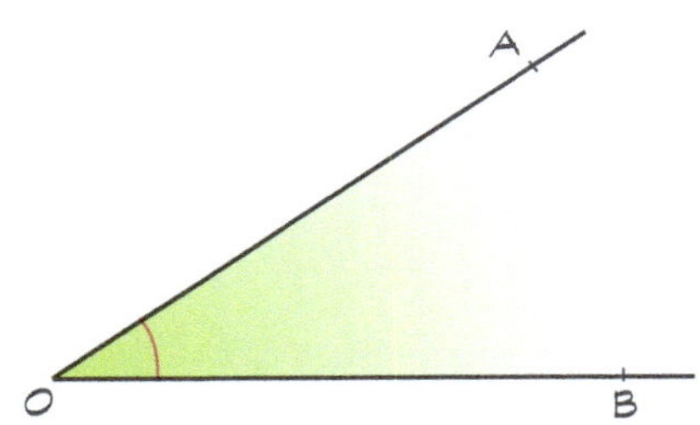

Para identificá-lo, empregamos as notações ∡ AOB ou $A\hat{O}B$, que indicam que o ângulo tem vértice O e lados $\overrightarrow{OA}$ e $\overrightarrow{OB}$. Note que o vértice é sempre o ponto central.

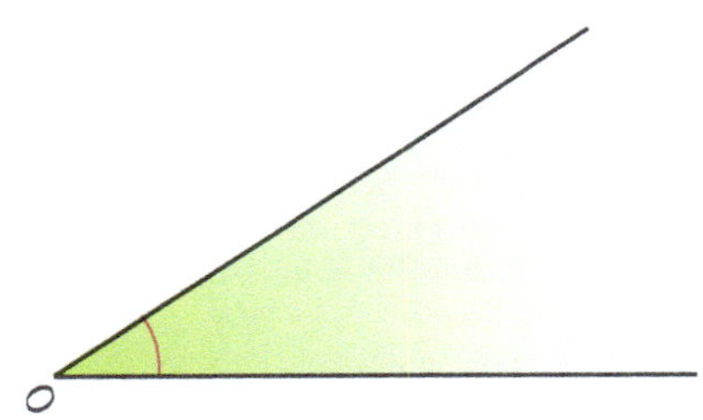

Podemos também utilizar as notações ∡ O ou $\hat{O}$, que indicam um ângulo de vértice O. Essa notação é mais simples: denota apenas o vértice do ângulo. Ela deve ser usada somente quando não houver dúvida sobre o ângulo a que se refere.

ATIVIDADES

1 Observe os ângulos $A\hat{O}B$ e $C\hat{O}D$ e nomeie seus elementos:

a)

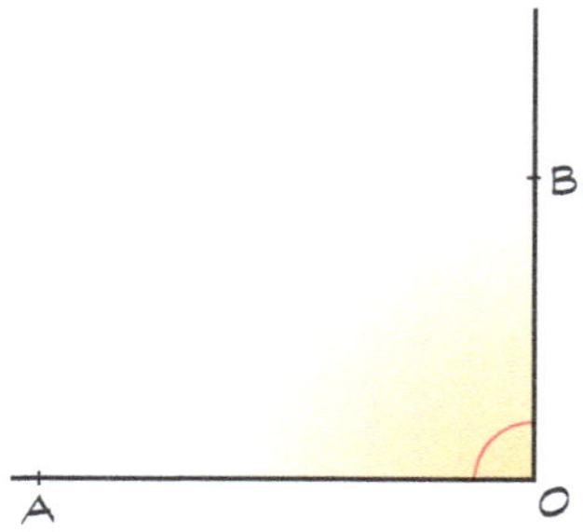

vértice: ________________

lados: ________________

b)

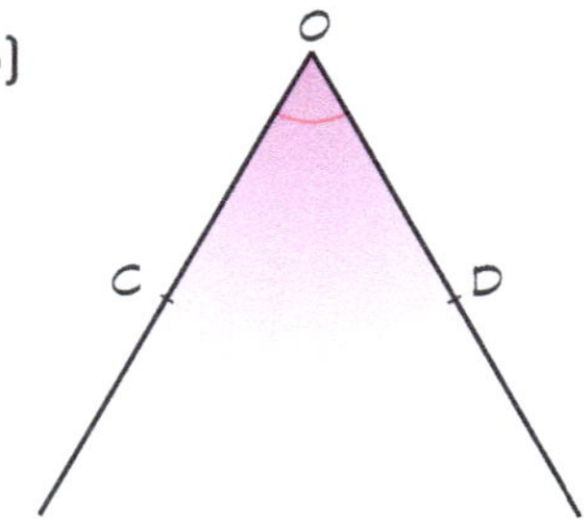

vértice: ________________

lados: ________________

2 Um ângulo é identificado por $M\hat{O}N$. Desenhe o ângulo e responda:

a) Qual é seu vértice? ________________

b) Quais são seus lados? ________________

3 Identifique cada ângulo utilizando a nomenclatura adequada:

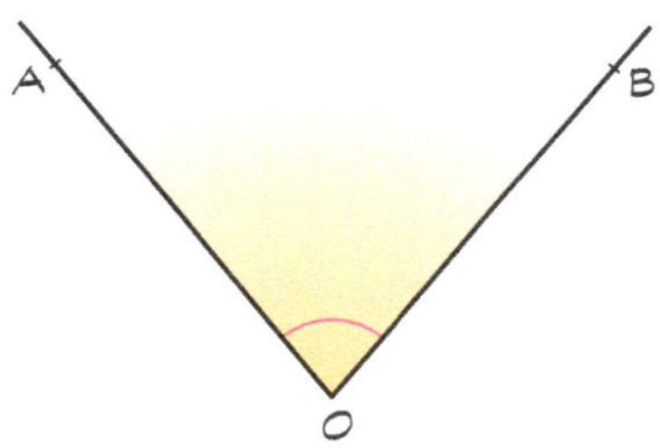

____

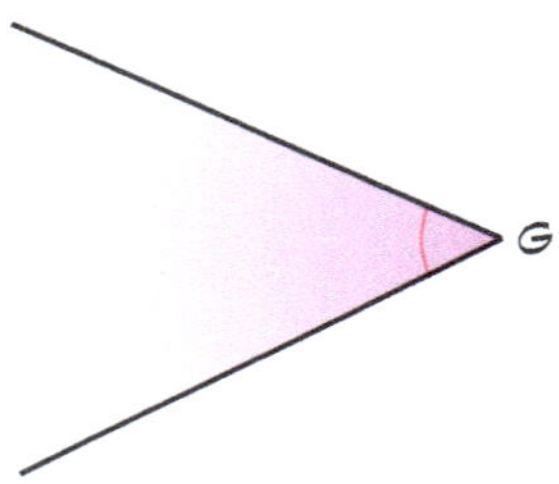

____

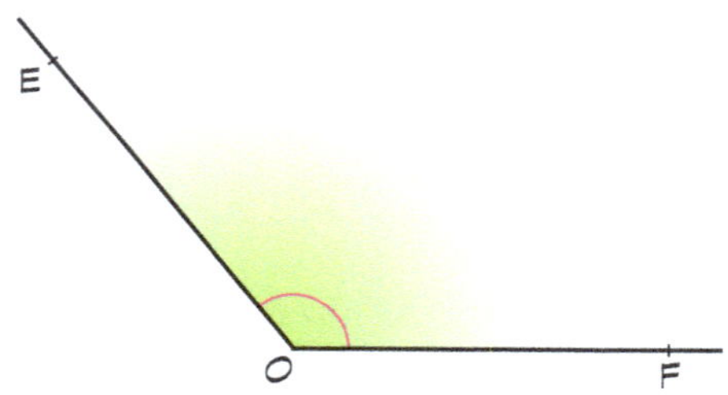

____

4 Trace o ângulo $C\hat{O}D$ e identifique os pontos:

- internos: ________________
- externos: ________________
- pertencentes aos lados do ângulo: ________________

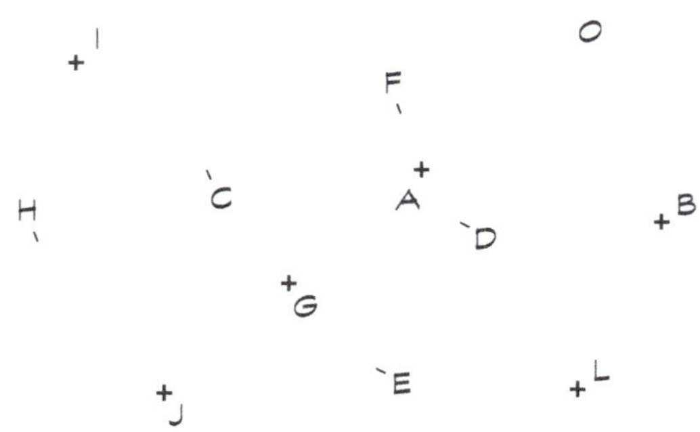

Medida de ângulos

Conceito de medida de ângulos

Observe os ângulos formados pelos ponteiros de cada relógio:

Repare que os ângulos têm diferentes aberturas: podem ser mais abertos ou mais fechados. É isso que determina a **medida de um ângulo**.

Unidade de medida de ângulo

A unidade de medida mais empregada para medir ângulos é o **grau**.

O grau surgiu da divisão do ângulo com vértice no centro de um círculo em 360 partes congruentes. Cada parte corresponde a **um grau**, que é representado por **1°**. *símbolo de grau*

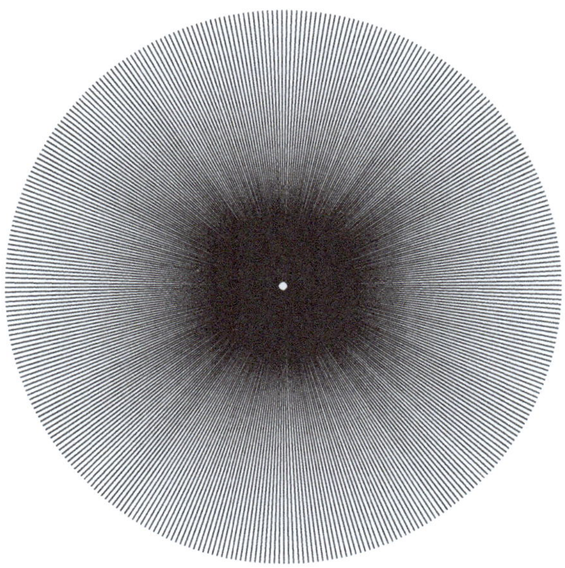

Circunferência dividida em 360 partes.

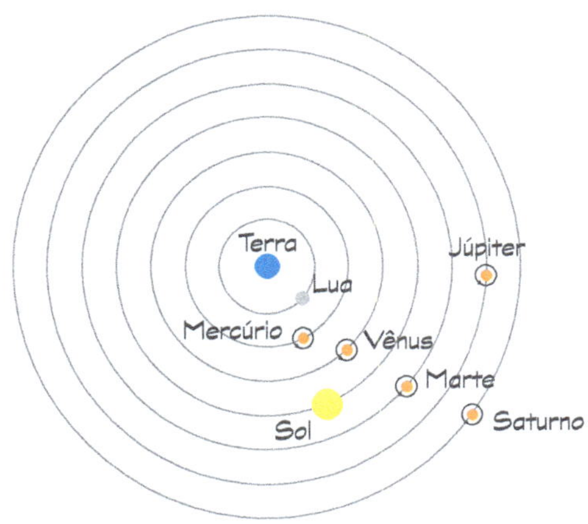

O modelo de sistema proposto por Aristóteles e Ptolomeu era geocêntrico: a Terra ficava no centro.

A ideia de dividir o círculo em 360 partes tem sua origem na Antiguidade. Os babilônios acreditavam que o Sol girava em torno da Terra descrevendo uma órbita circular e levava 360 dias para dar uma volta completa.

Assim, o Sol percorria, por dia, $\frac{1}{360}$ da circunferência em seu movimento ao redor da Terra.

Hoje sabemos que é a Terra que gira em torno do Sol, descrevendo uma órbita elíptica. O movimento de uma rotação completa tem duração aproximada de 365 dias e 6 horas.

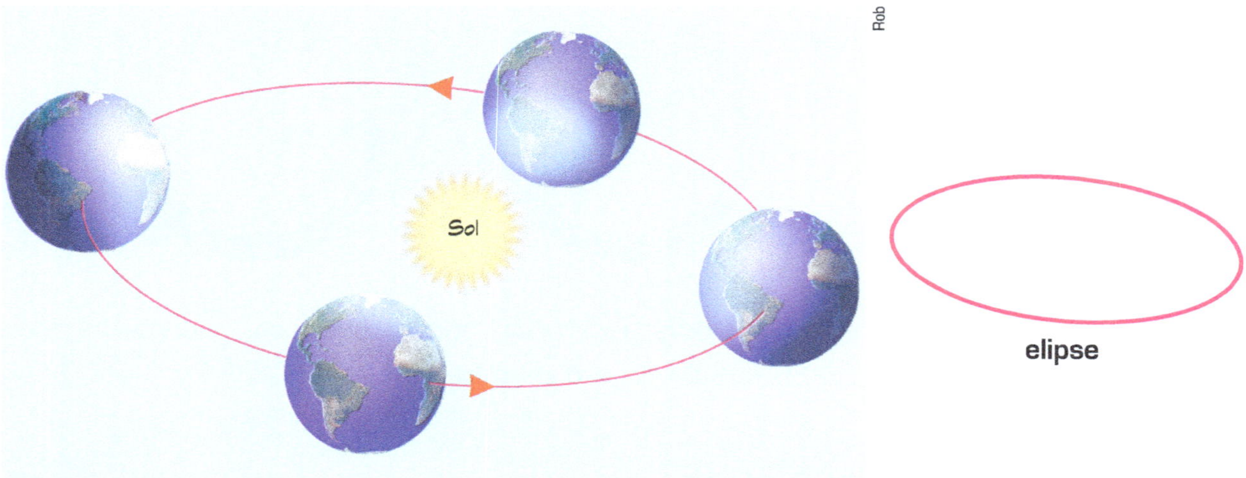

Ilustração fora de escala. Cores-fantasia.

Submúltiplos do grau

O grau possui dois submúltiplos: o **minuto** e o **segundo**.

Um grau tem 60 minutos.

$1° = 60'$ *símbolo de minuto*

Um minuto tem 60 segundos.

$1' = 60''$ *símbolo de segundo*

Como $1° = 60'$ e $1' = 60''$, temos que:

$1° = 60 \cdot 60'' = 3600''$ $(1° = 3600'')$.

Observações:

1. Lê-se a medida de um ângulo da seguinte maneira: $7°30'45''$ (sete graus, trinta minutos e quarenta e cinco segundos).
2. Atualmente há uma tendência em se usar números decimais, como 10,5°, na indicação da medida de um ângulo, porque 0,5 ou meio grau equivale a 30 minutos.
3. Também não se ultrapassam o número de 60 minutos e de 60 segundos. Por exemplo, em vez de escrever $15°75'$, escreve-se $16°15'$ porque 75 minutos correspondem a 1 grau e 15 minutos $(75' = 60' + 15' = 1°15')$. Assim, trocamos 60 minutos por 1 grau.

Instrumento para medir ângulo

Para medirmos ângulos, utilizamos o **transferidor**.

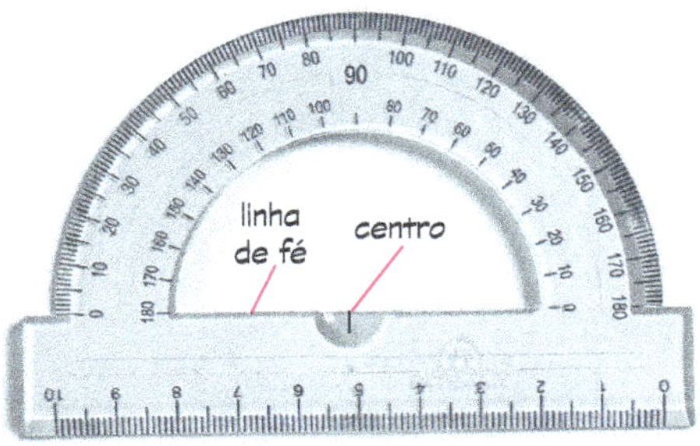

transferidor de 180°

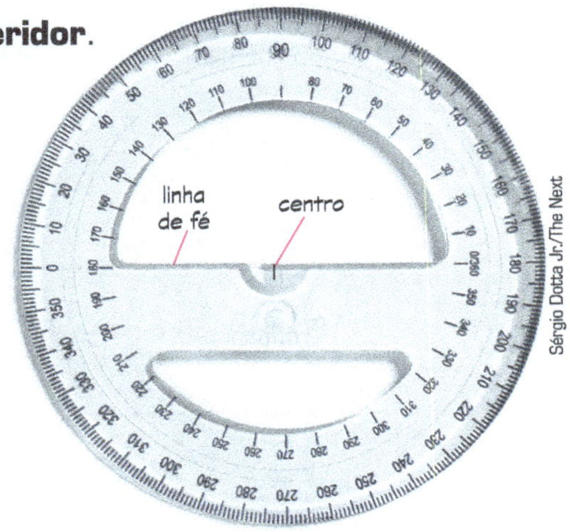

transferidor de 360°

Veja como medimos o ângulo AÔB:

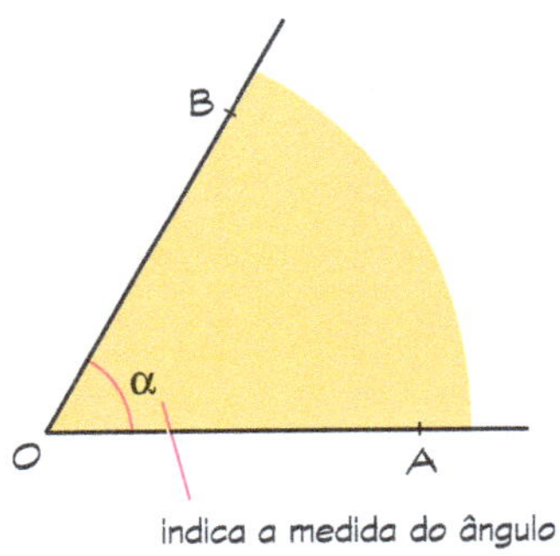

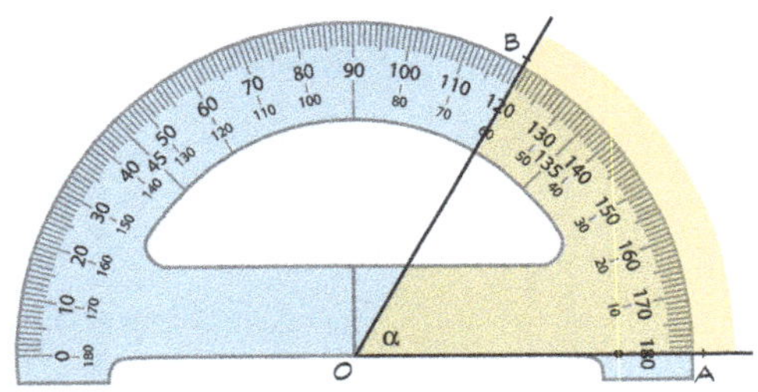

O vértice deve coincidir com o centro do transferidor e a linha de fé deve ser apoiada em um dos lados do ângulo.

Repare que no transferidor há duas escalas. Para saber qual empregar, verifique que o lado $\overrightarrow{OA}$ coincide com o marco zero da escala interna; portanto esta é a escala que você deve utilizar. Assim, sabe-se que AÔB mede 60°, pois essa é a medida sobre a qual recai o lado $\overrightarrow{OB}$.

Indicamos: med(AÔB) = 60° ou, simplesmente, α = 60°.

Vamos, agora, traçar um ângulo PÔQ de medida β = 120°:

Traçamos um dos lados do ângulo.

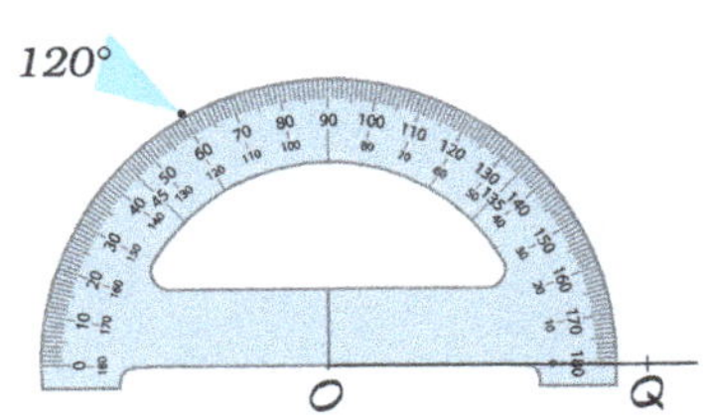

Posicionamos o transferidor fazendo coincidir seu centro com O e a linha de fé com $\overrightarrow{OQ}$ e marcamos um ponto auxiliar, para indicar a medida desejada (120°).

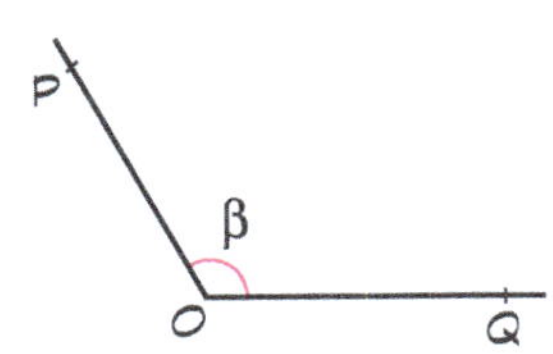

Retiramos o transferidor e traçamos o outro lado do ângulo.

Ângulos congruentes

Se você medir os ângulos $A\hat{O}B$ e $C\hat{P}D$, verificará que eles têm a mesma medida.

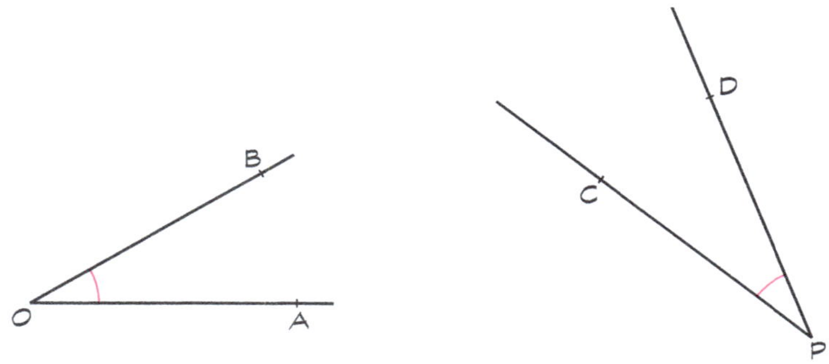

Ângulos que possuem a mesma medida são denominados ângulos **congruentes**.

Logo, $A\hat{O}B$ é congruente a $C\hat{P}D$.

Indicamos: $A\hat{O}B \equiv C\hat{P}D$

congruente

ATIVIDADES

5 Observe os ângulos a seguir:

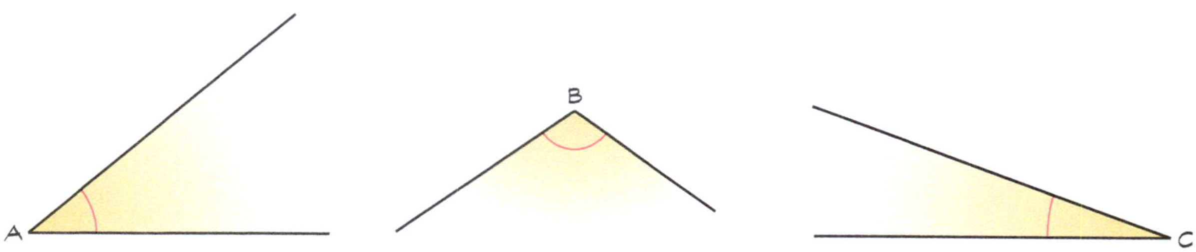

Sem medi-los, responda:

a) Qual é o ângulo de maior medida?

____

b) Qual é o ângulo de menor medida?

____

6 Complete as sentenças:

a) A unidade-padrão de medida de ângulos é o ____________, cujos submúltiplos são: o ____________ e o ____________.

b) Um grau tem ____________ minutos.

c) Um minuto tem ____________ segundos.

d) Um grau tem ____________ segundos.

e) ____________ é um instrumento utilizado para medir ângulos.

7 Observe as figuras e dê a medida de cada ângulo:

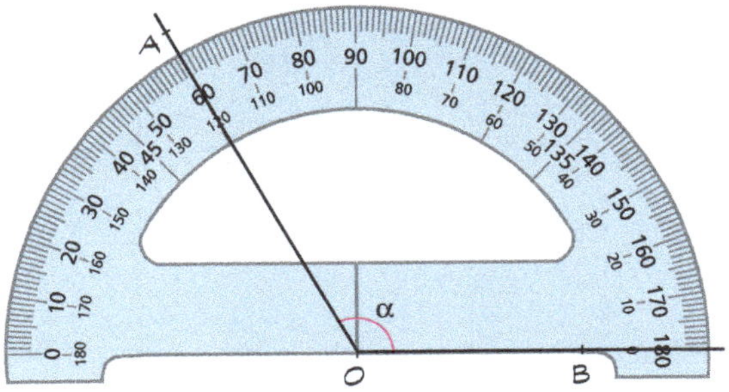

$\alpha =$ ____________

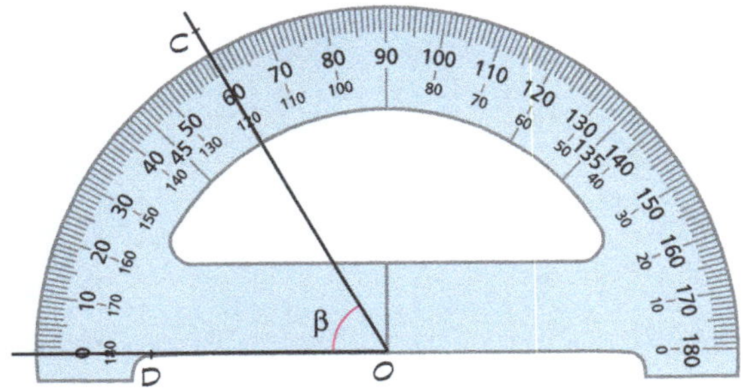

$\beta =$ ____________

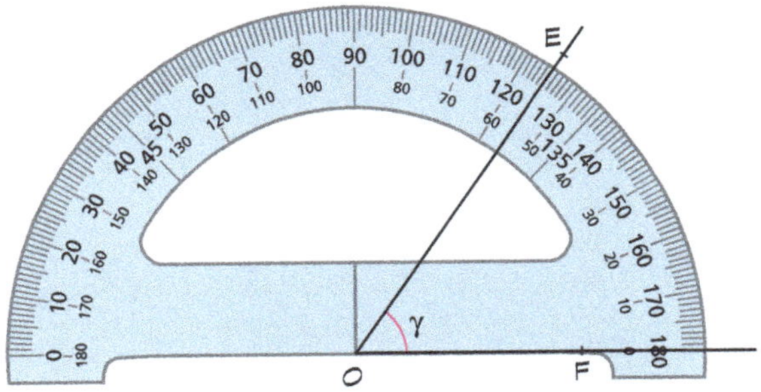

$\gamma =$ ____________

Gama

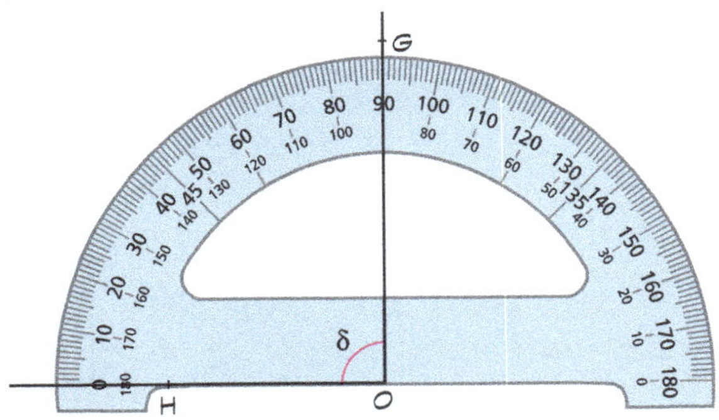

$\delta =$ ____________

Delta

8 Utilizando o transferidor, determine a medida dos seguintes ângulos:

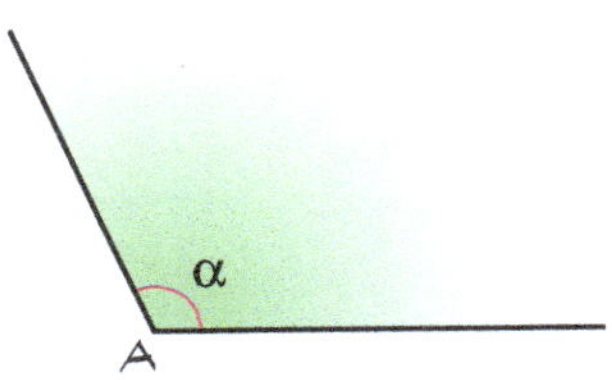

$\alpha =$ ____________

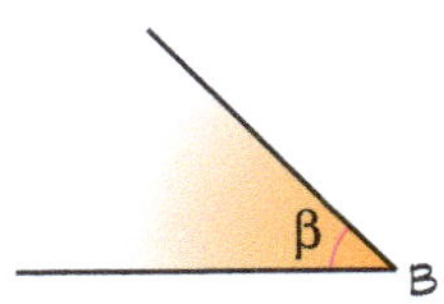

$\beta =$ ____________

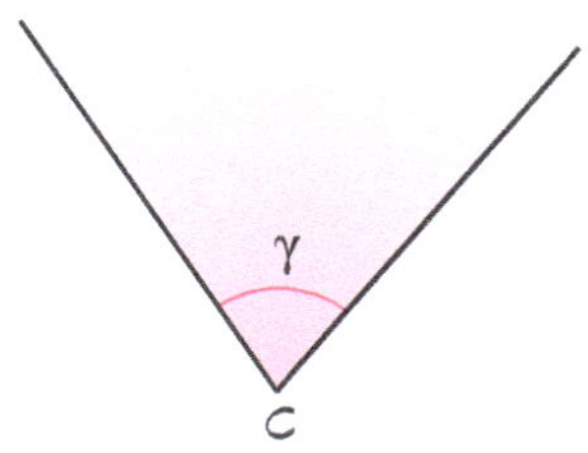

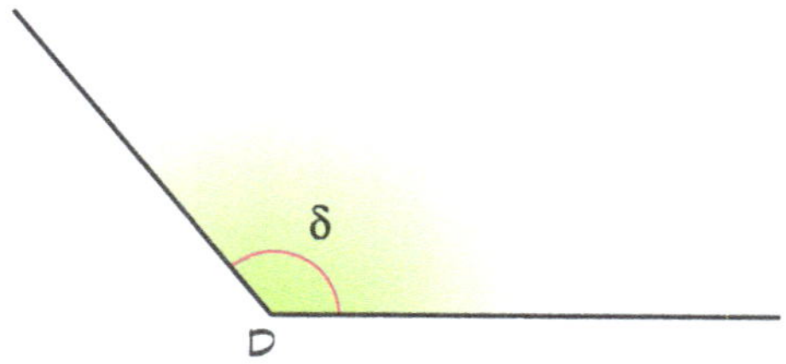

γ = ______________ δ = ______________

9 Observe os relógios e os ângulos destacados, formados por seus ponteiros:

Comparando os horários apresentados, responda:

a) A que horas o ângulo tem maior medida? Quanto mede esse ângulo?

____

b) A que horas se forma o menor ângulo? Qual é sua medida?

____

c) Em qual horário o ângulo em destaque tem 90°?

____

10 Observe a figura e sua redução:

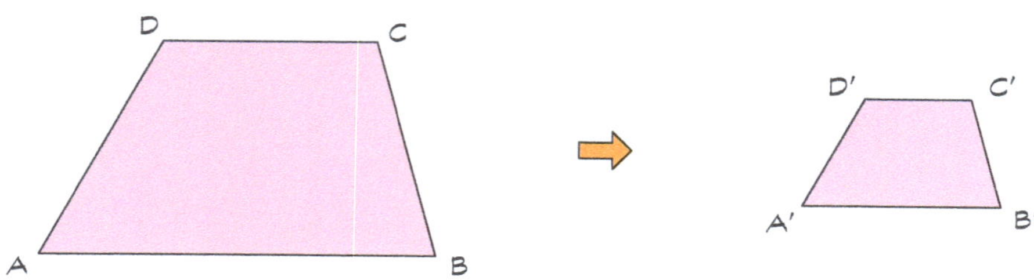

Em relação à medida dos ângulos da figura original, como são os ângulos da figura reduzida? ______________________________

11 Sobre as imagens do transferidor, construa os ângulos:

- $\hat{A}$, de medida $\alpha = 65°$

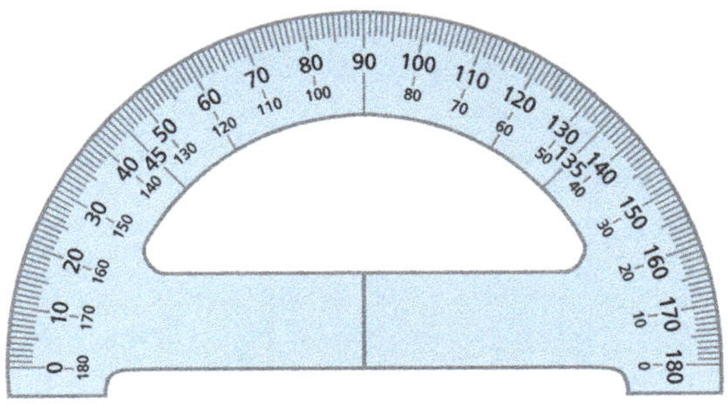

- $\hat{B}$, de medida $\beta = 95°$

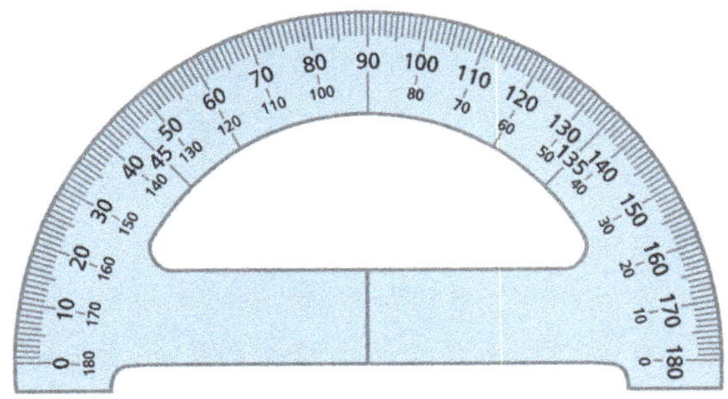

- $\hat{C}$, de medida $\gamma = 130°$

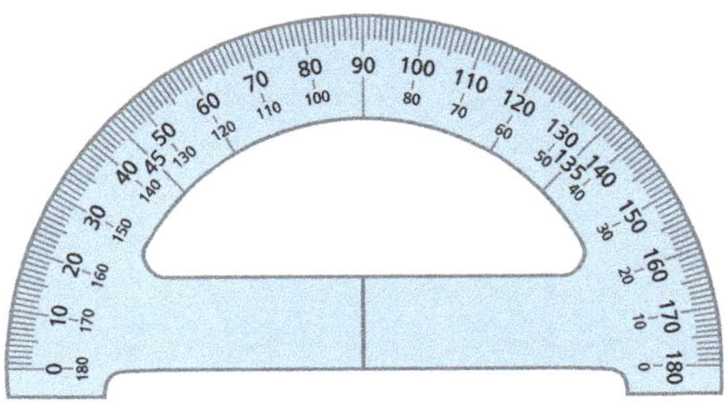

- $\hat{D}$, de medida $\delta = 30°$

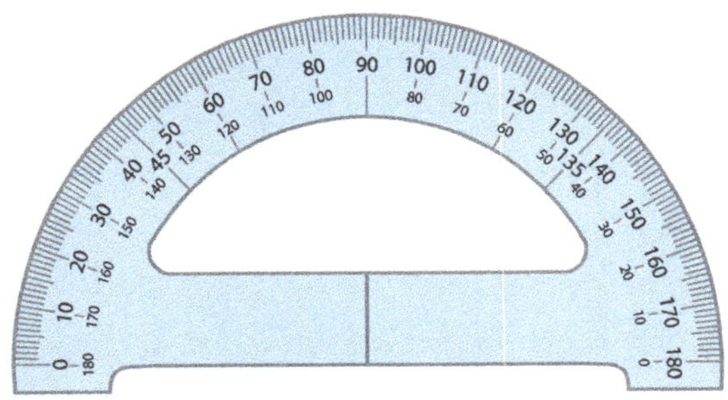

12 Construa os ângulos com o auxílio do transferidor:

a) $A\hat{O}B$, de medida $\alpha = 75°$

c) $E\hat{O}F$, de medida $\gamma = 45°$

b) $C\hat{O}D$, de medida $\beta = 100°$

d) $G\hat{O}H$, de medida $\delta = 50°$

13 Meça os ângulos dos triângulos e, em cada caso, determine a soma das medidas dos três ângulos:

a)

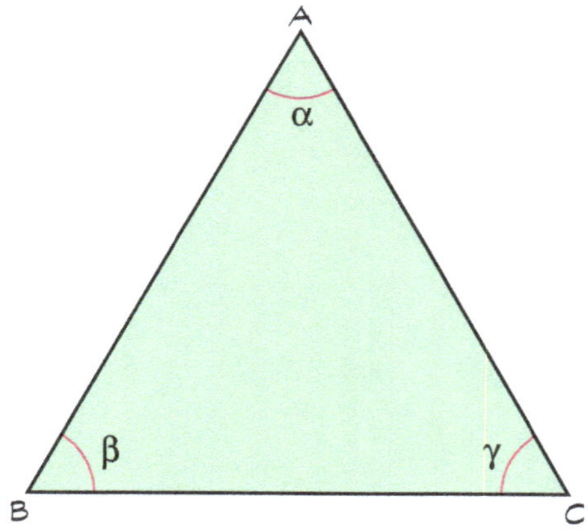

$\alpha =$ ______

$\beta =$ ______

$\gamma =$ ______

$\alpha + \beta + \gamma =$ ______

b)

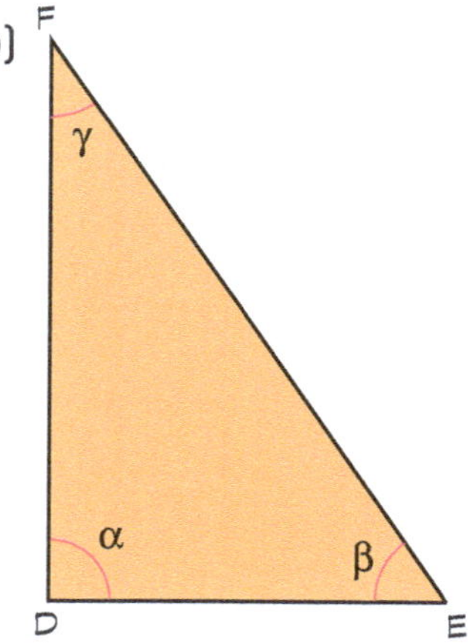

$\alpha =$ ______

$\beta =$ ______

$\gamma =$ ______

$\alpha + \beta + \gamma =$ ______

14 No exercício anterior, o que você observou em relação à soma $\alpha + \beta + \gamma$?

______

15 Meça os ângulos das seguintes figuras e complete:

a)

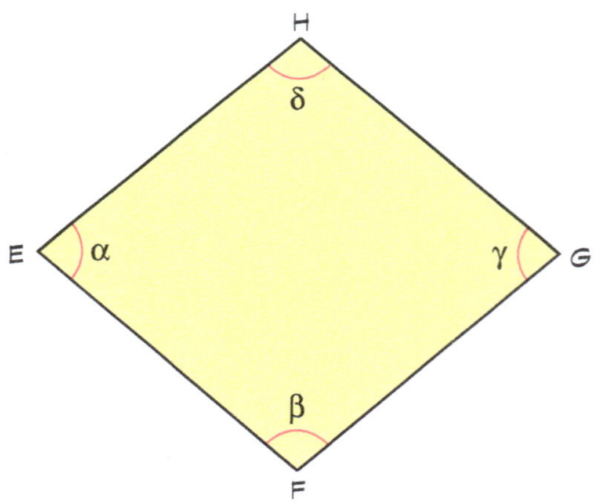

$\alpha =$ ______

$\beta =$ ______

$\gamma =$ ______

$\delta =$ ______

$\alpha + \beta + \gamma + \delta =$ ______

b)

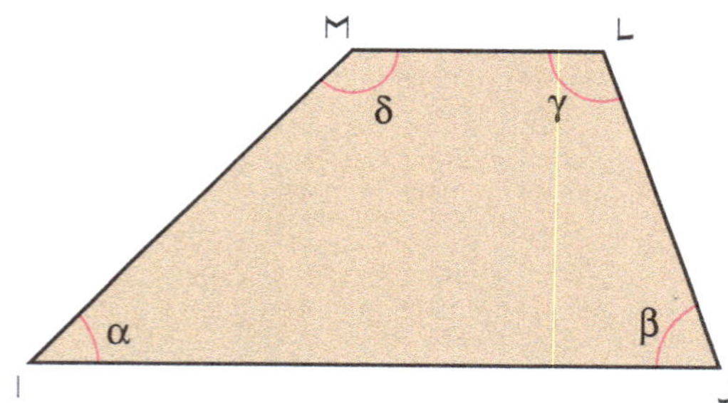

$\alpha =$ ______

$\beta =$ ______

$\gamma =$ ______

$\delta =$ ______

$\alpha + \beta + \gamma + \delta =$ ______

16 No exercício anterior, o que você observou em relação à soma $\alpha + \beta + \gamma + \delta$?

____

17 Observando os resultados obtidos nos exercícios anteriores, dê o valor da soma das medidas dos ângulos internos das figuras:

a)

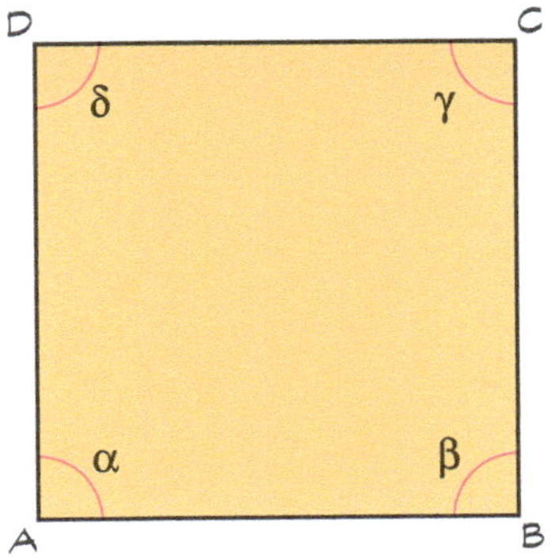

$\alpha + \beta + \gamma + \delta =$ ____________

b)

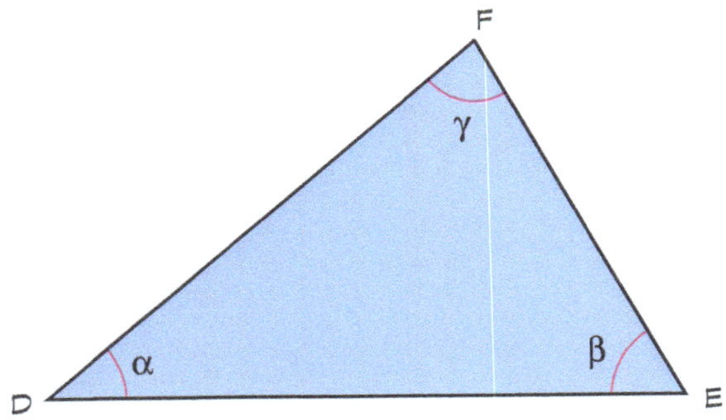

$\alpha + \beta + \gamma =$ ____________

18 O que são ângulos congruentes?

____

19 Os ângulos representados abaixo são congruentes? ____________________

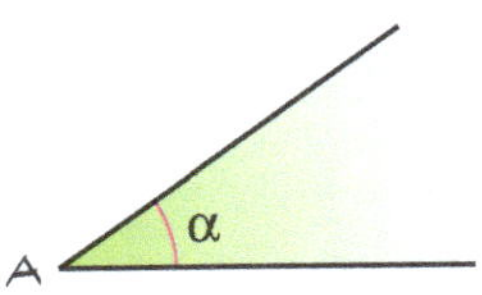

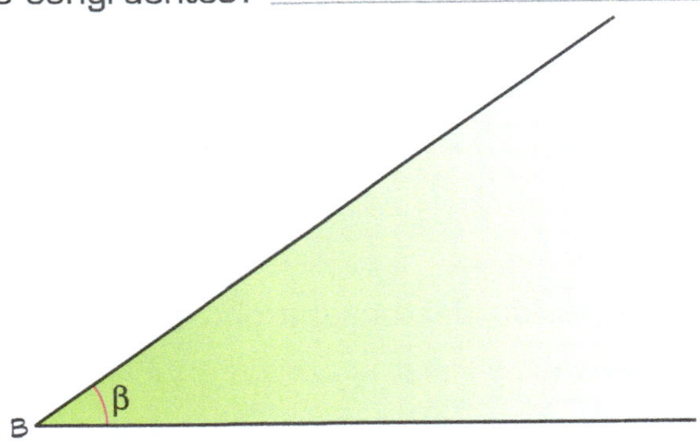

20 O primeiro relógio indica 4h. No relógio ao lado, posicione o ponteiro das horas, de modo a obter um ângulo congruente ao primeiro e indicando um horário diferente.

21 Usando o transferidor, assinale os ângulos congruentes ao ângulo AÔB:

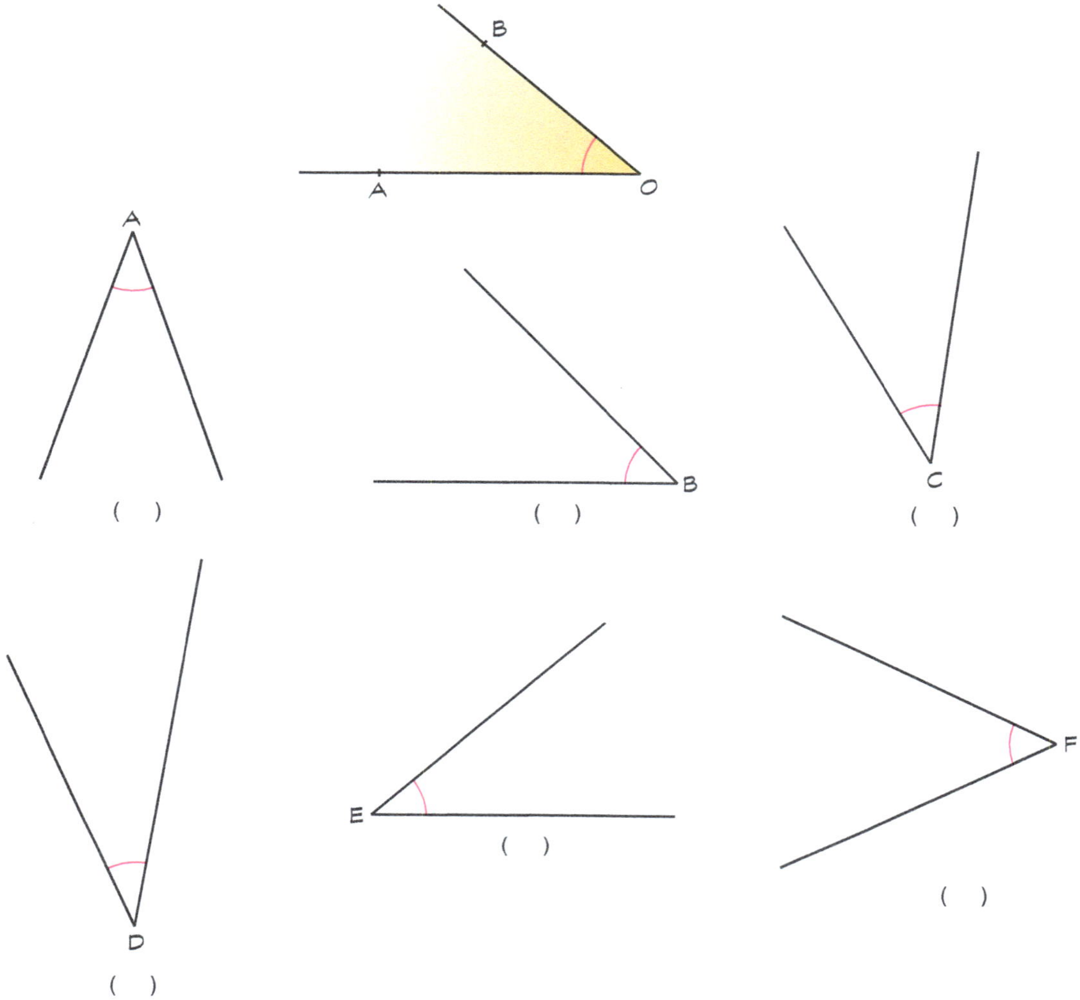

22 Na figura estão destacados oito ângulos. Determine a medida de cada um deles e destaque com a mesma cor os ângulos congruentes.

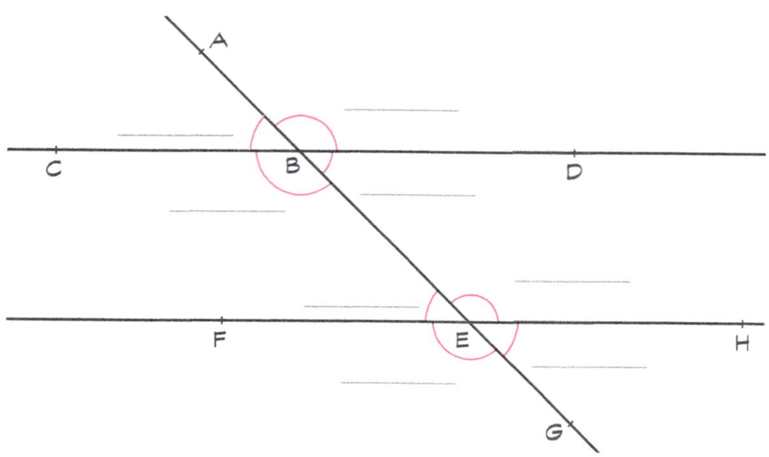

23 Desenhe um ângulo $P\hat{O}Q \equiv A\hat{O}B$:

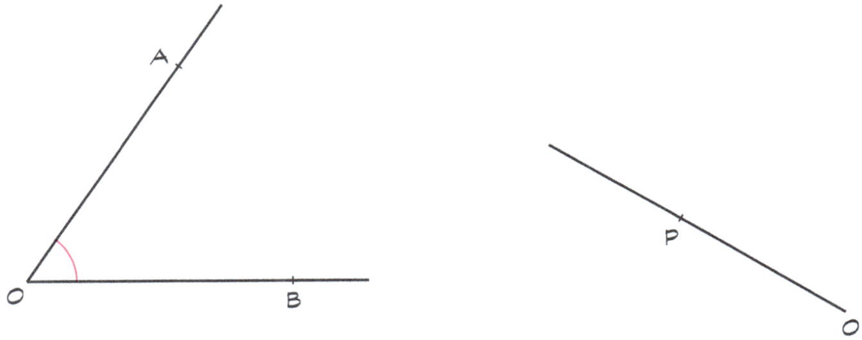

Ângulo reto

Relembrando retas perpendiculares, temos:

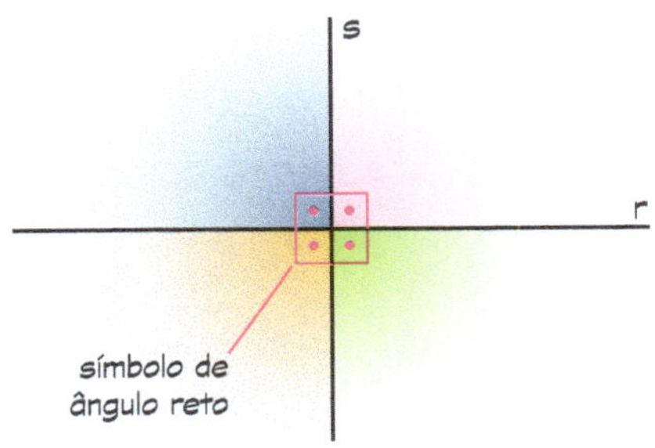

As retas r e s são perpendiculares: formam quatro ângulos congruentes. Cada um desses ângulos mede 90° e são considerados **ângulos retos**.

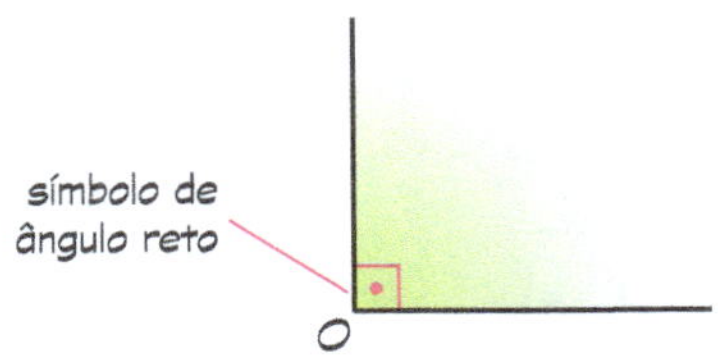

É comum os objetos e as construções apresentarem a ideia de ângulos retos. Veja alguns exemplos destacados em uma sala de aula:

AE

Classificação de ângulos

Os ângulos podem ser classificados em **reto**, **agudo** ou **obtuso**. Observe o quadro:

reto	agudo	obtuso
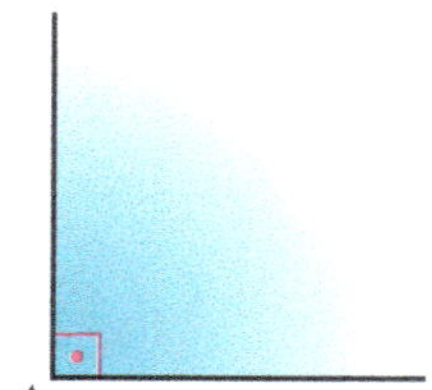	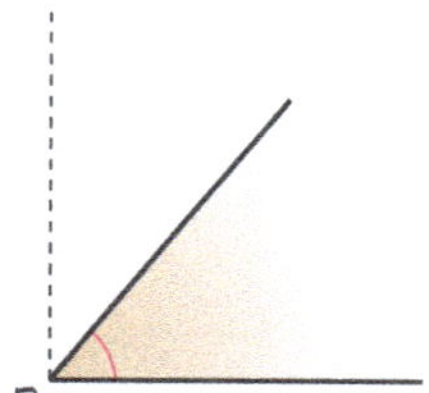	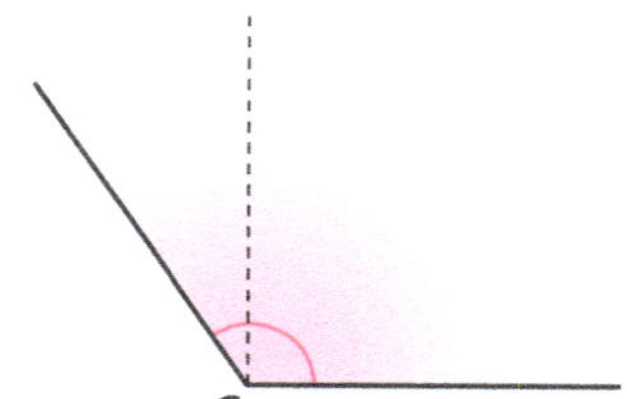
• medida igual a 90°	• menor que o ângulo reto • medida menor que 90°	• maior que o ângulo reto • medida maior que 90°

Ângulo nulo e ângulo raso

Um ângulo pode medir **0°** ou **180°**. Se medir 0°, dizemos que é um ângulo **nulo**. Se medir 180°, dizemos que é um ângulo **raso** ou de meia volta.

No ângulo nulo, os lados são coincidentes.

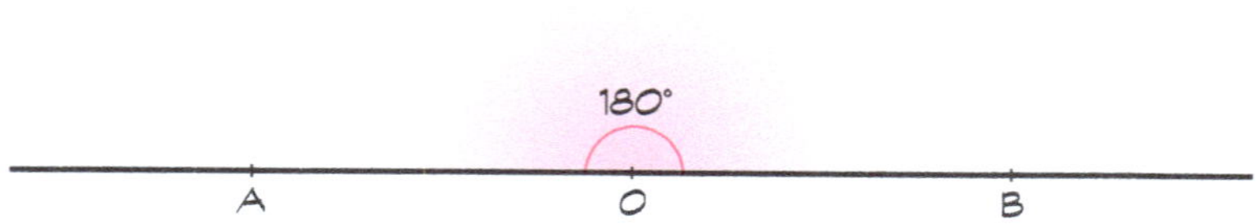

No ângulo raso ou de meia volta, os lados são semirretas opostas.

Bissetriz de um ângulo

Bissetriz de um ângulo é a semirreta, com origem em seu vértice, que divide o ângulo em dois ângulos congruentes.

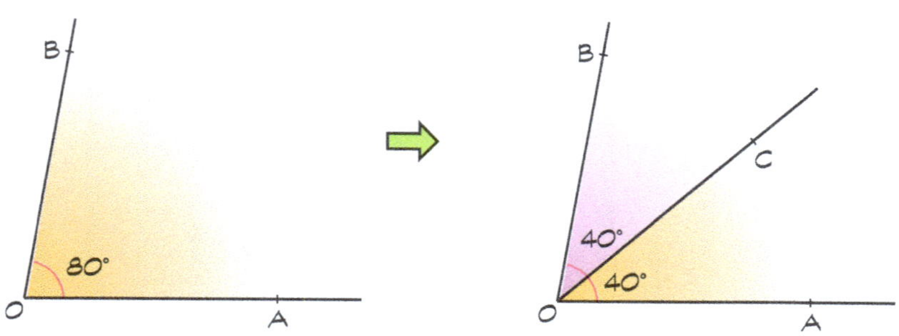

$\overrightarrow{OC}$ é bissetriz de $A\hat{O}B$.

Traçado da bissetriz com uso do transferidor

Neste caso, primeiro medimos o ângulo com o transferidor e depois calculamos a metade de sua medida.

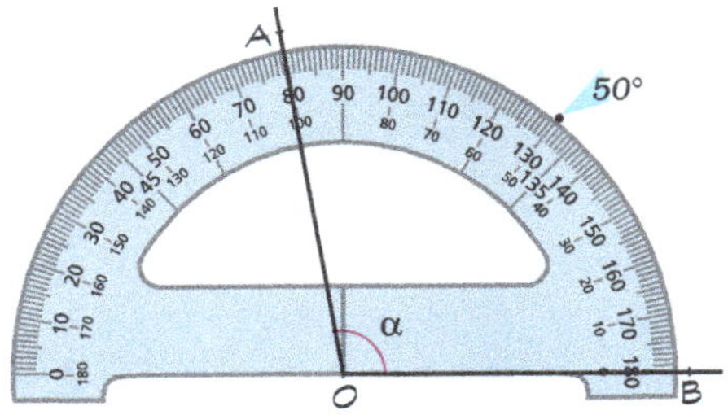

AÔB mede 100°.

$\alpha = 100°$

Calculando a metade: 100° : 2 = 50°

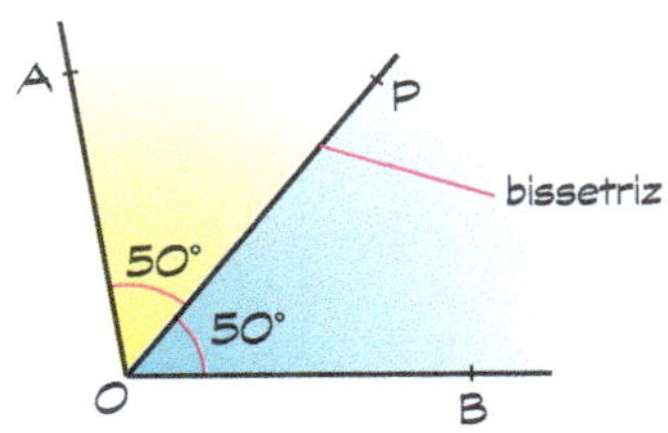

Traçamos $\overrightarrow{OP}$, que é a bissetriz de AÔB. PÔB e PÔA medem 50°.

Traçado da bissetriz com régua e compasso

Observe a sequência de procedimentos para traçar a bissetriz do ângulo Ô utilizando régua e compasso.

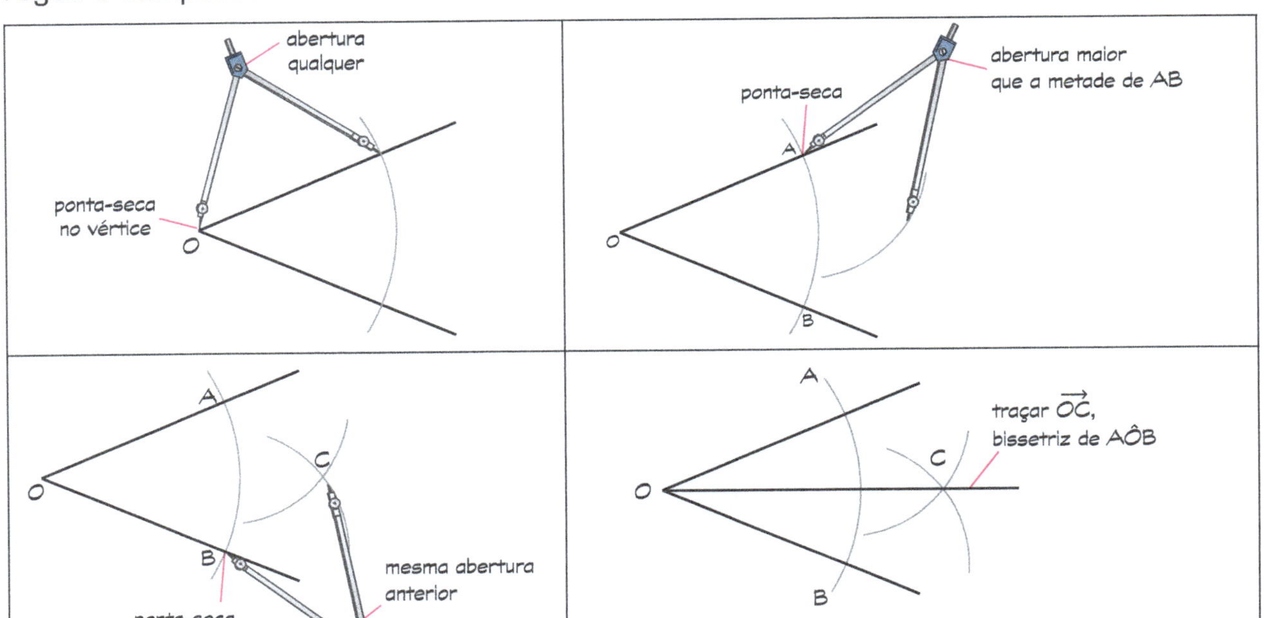

C é o ponto de interseção dos arcos com centro nos pontos A e B.

ATIVIDADES

24 Assinale o par de retas perpendiculares:

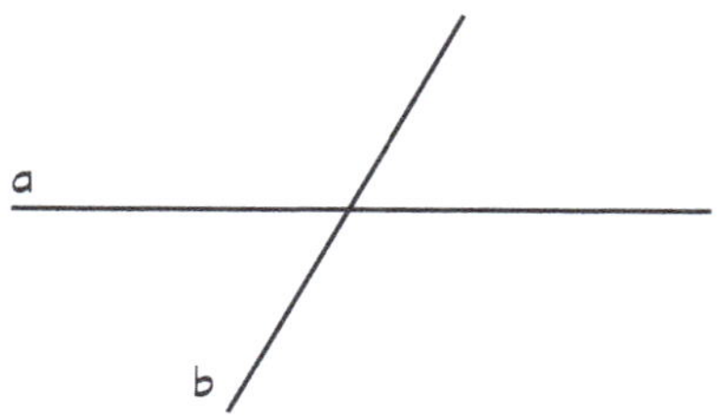

( )

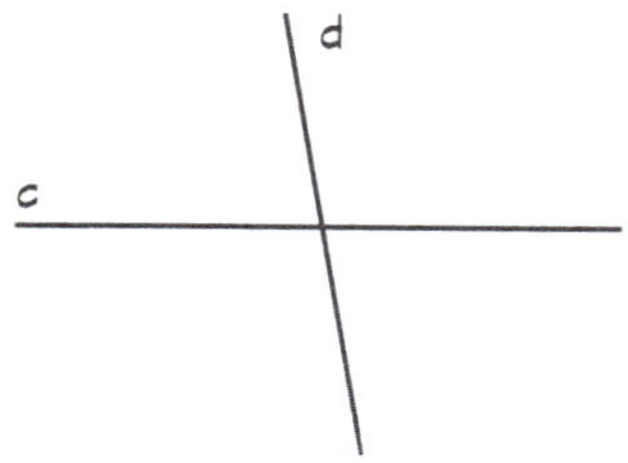

( )

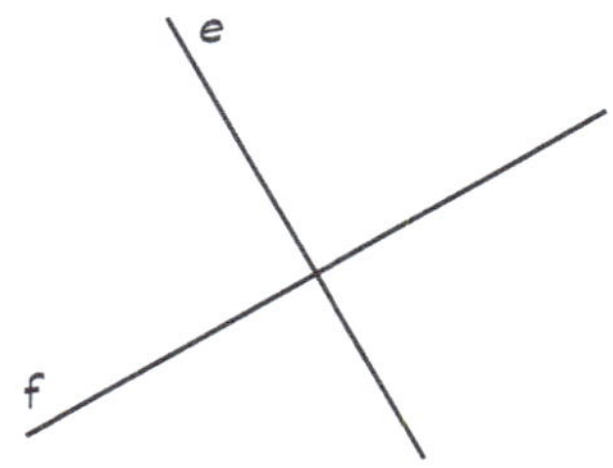

( )

25 Complete as sentenças:

a) Duas retas são perpendiculares quando formam entre si quatro ângulos ______

b) Um ângulo reto mede ______

c) Um ângulo maior que um ângulo reto é ______

d) Se um ângulo mede menos que 90°, ele é um ângulo ______

e) O ângulo ______ tem os lados coincidentes.

f) O ângulo ______ é formado por semirretas opostas.

26 Determine a medida dos seguintes ângulos:

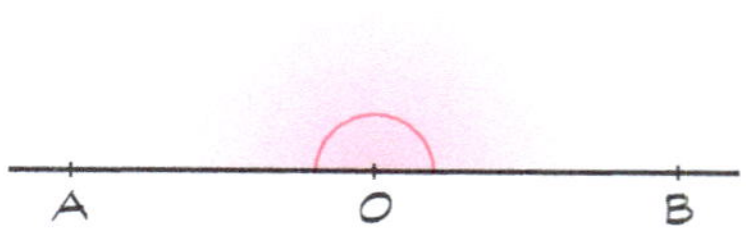

med(AÔB) = ______ med(CÔD) = ______

27 Sem utilizar instrumentos de medida, classifique os ângulos destacados nas imagens em reto, agudo ou obtuso:

Léo Burgos

Fundação Maria Luísa e Oscar Americano, São Paulo (SP).

Ricardo Stuckert/Editora Abril

______ ______ ______

28 Com o uso do transferidor, verifique se os ângulos são reto, agudo ou obtuso:

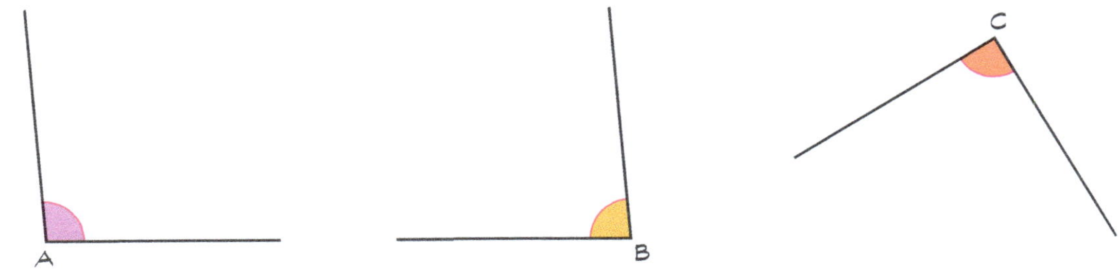

___________ ___________ ___________

29 Observe as figuras e responda às questões a seguir em relação a todos os ângulos que nelas aparecem:

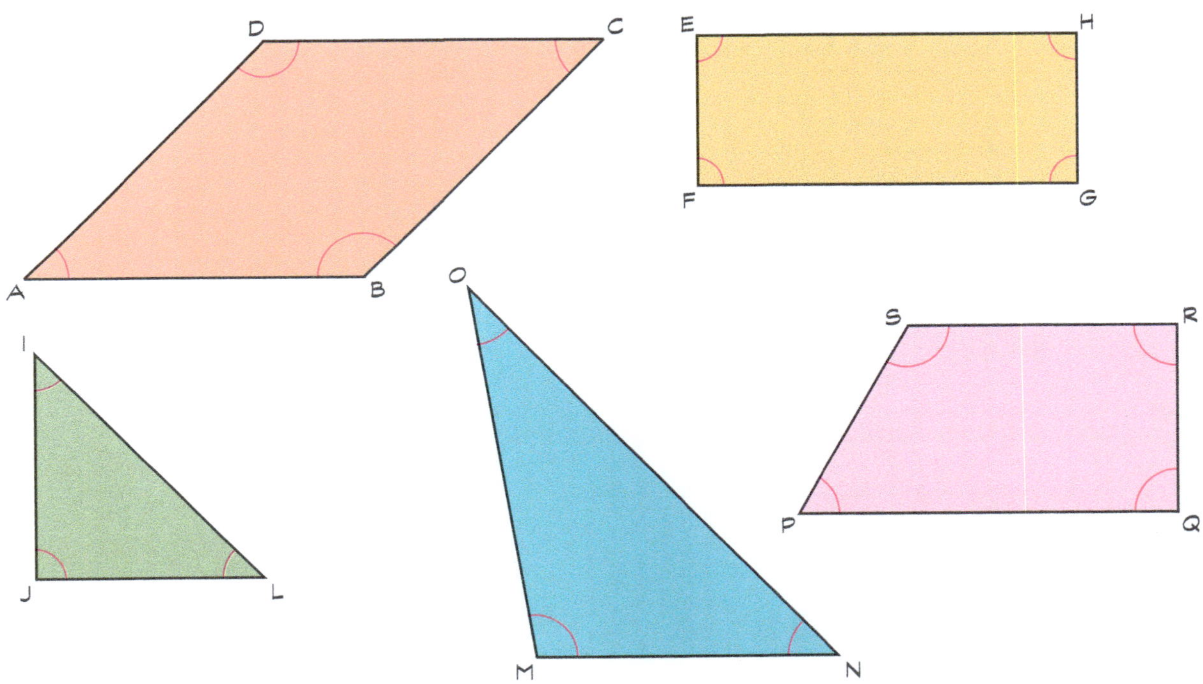

a) Quais ângulos são agudos? ___________

b) Quais ângulos são retos? ___________

c) Quais ângulos são obtusos? ___________

30 O que é bissetriz de um ângulo?

____

____

31 Assinale a figura na qual $\overrightarrow{OC}$ é bissetriz de $A\hat{O}B$:

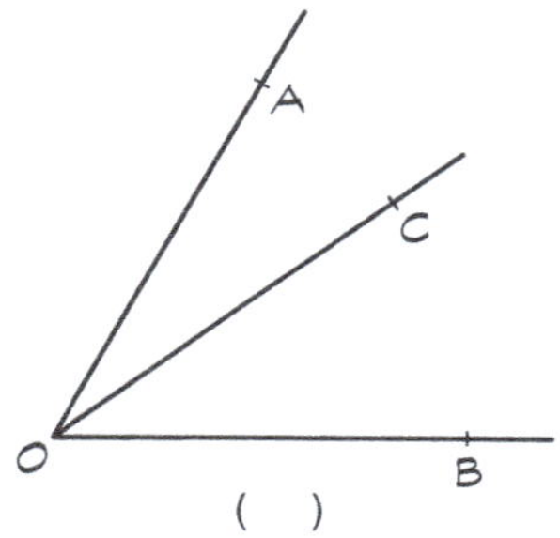

( )

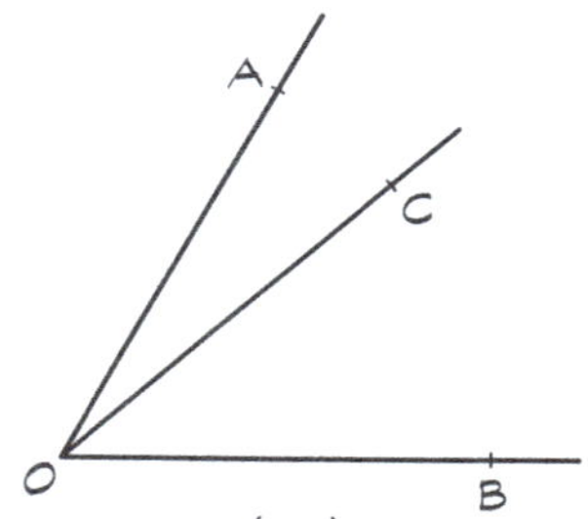

( )

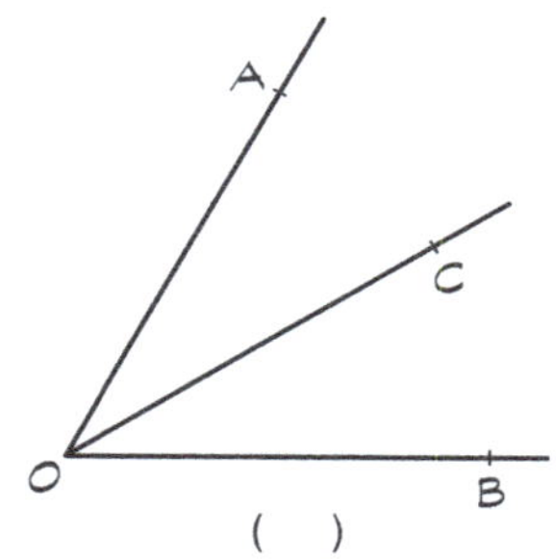

( )

32 Determine as medidas desconhecidas, sabendo que $\overrightarrow{OC}$ é a bissetriz dos ângulos representados abaixo:

a)

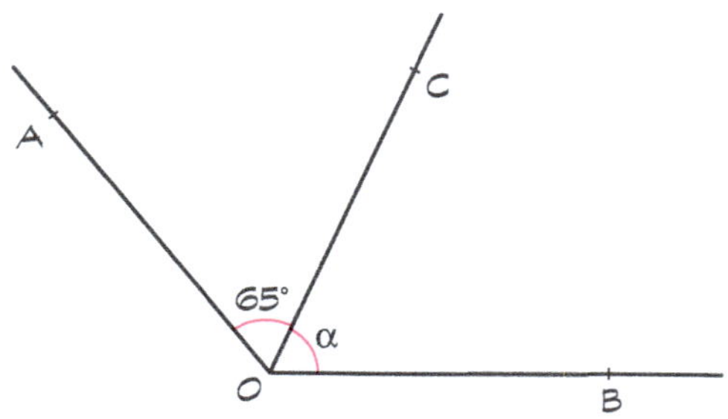

α = ____________

med($A\hat{O}B$) = ____________

b)

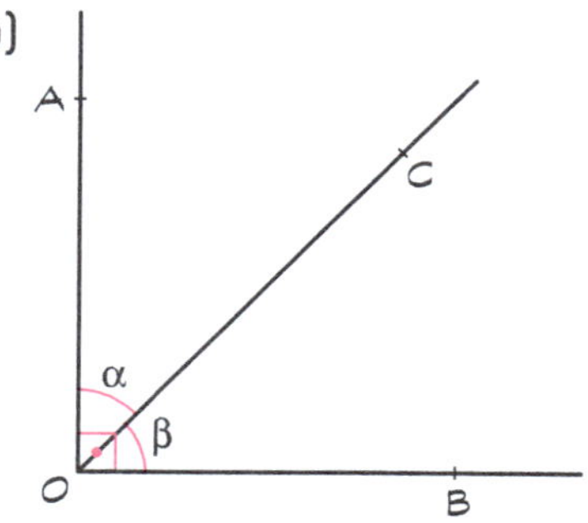

α = ____________

β = ____________

33 Usando o transferidor, trace as bissetrizes dos ângulos:

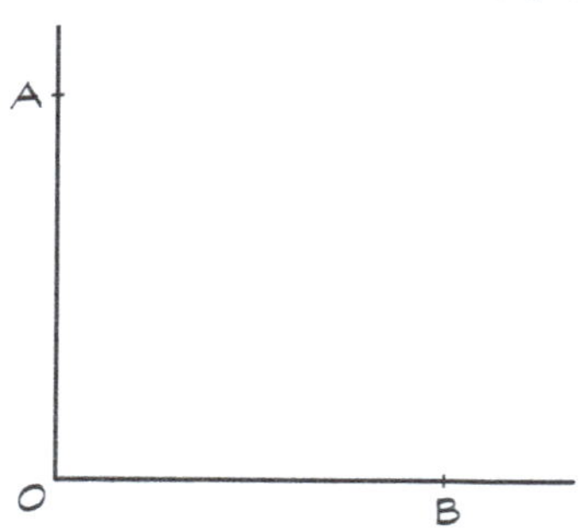

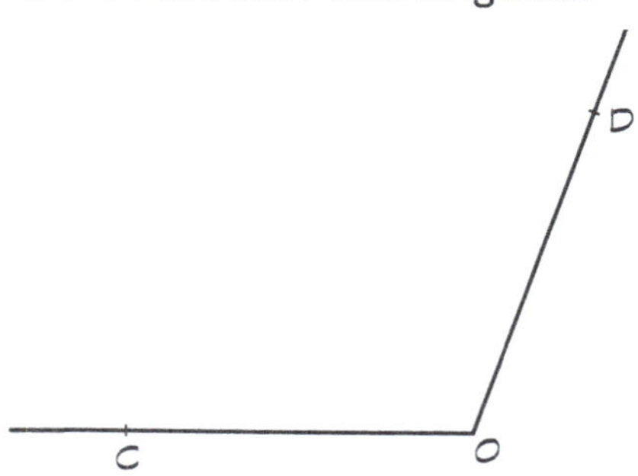

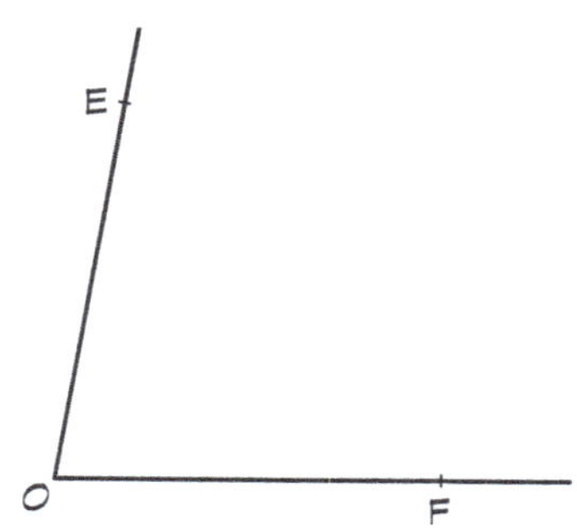

34 Trace as bissetrizes dos ângulos com régua e compasso:

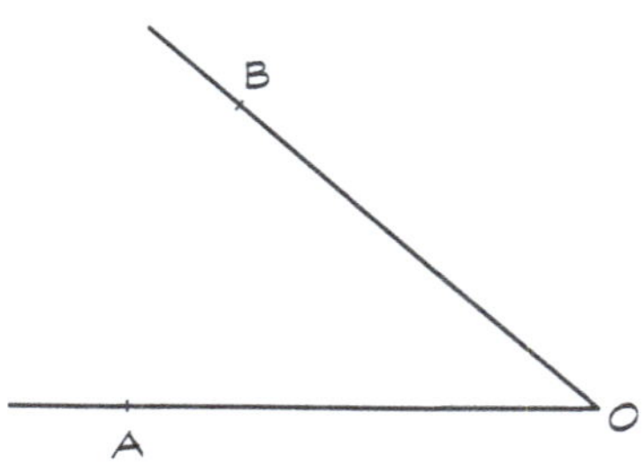

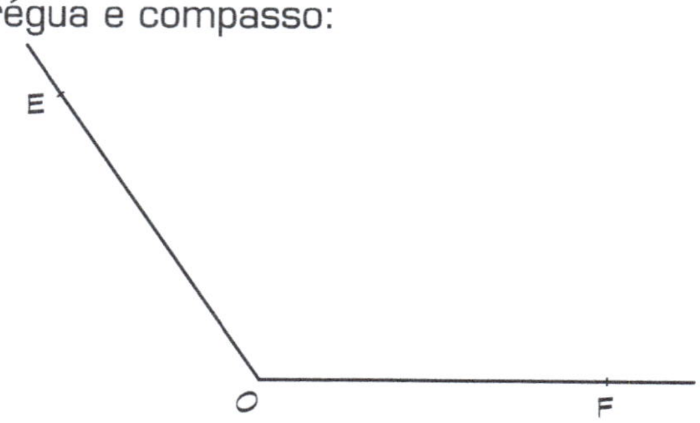

35 Sabendo que $\overrightarrow{OC}$ é a bissetriz de $A\hat{O}B$, trace o ângulo $A\hat{O}B$ com o uso do transferidor:

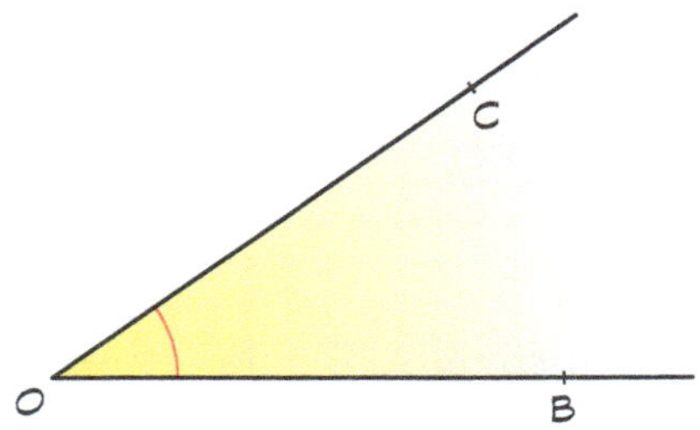

36 Trace a bissetriz dos ângulos $\hat{A}$, $\hat{B}$ e $\hat{C}$ com régua e compasso e determine o ponto I de interseção das três bissetrizes. Observe o modelo:

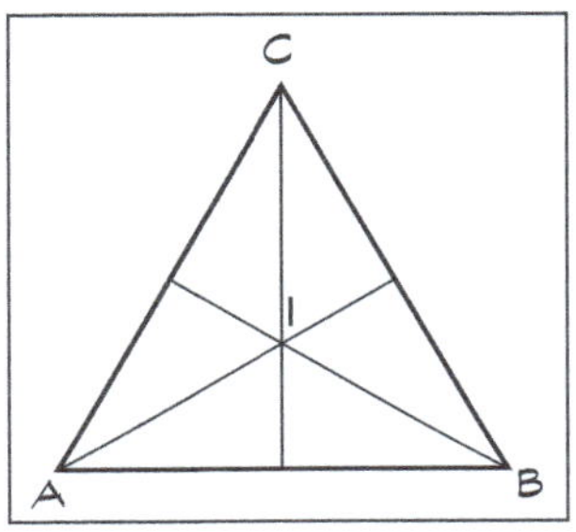

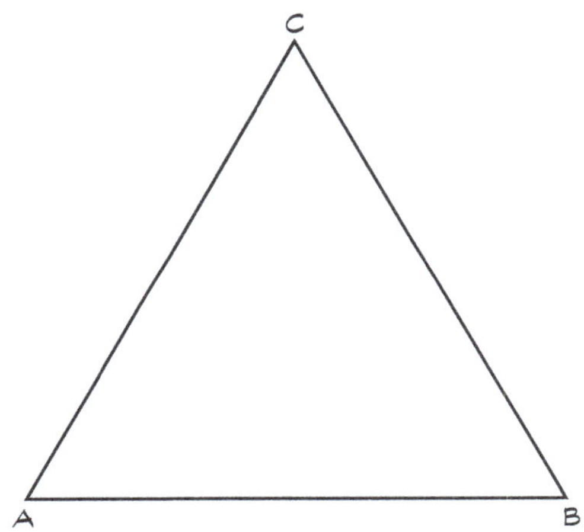

Mais sobre ângulos

Ângulos consecutivos

Dois ângulos que têm o mesmo vértice e um lado comum são **consecutivos**. Veja os exemplos:

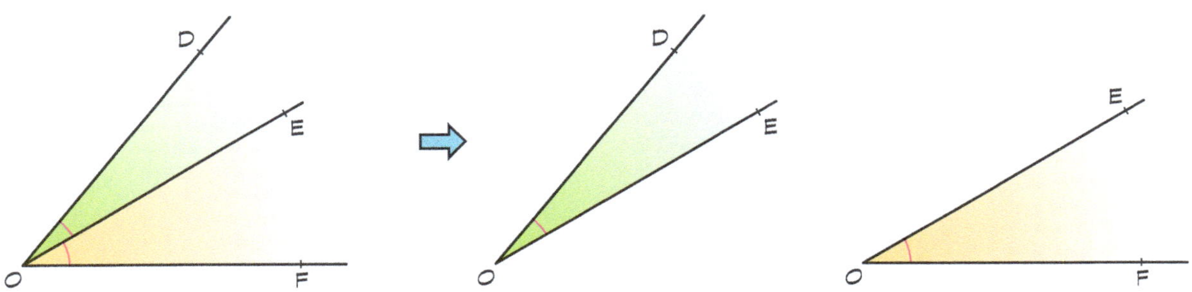

vértice comum: O lado comum: $\overrightarrow{OE}$

Nesse caso, os ângulos não têm pontos internos comuns.

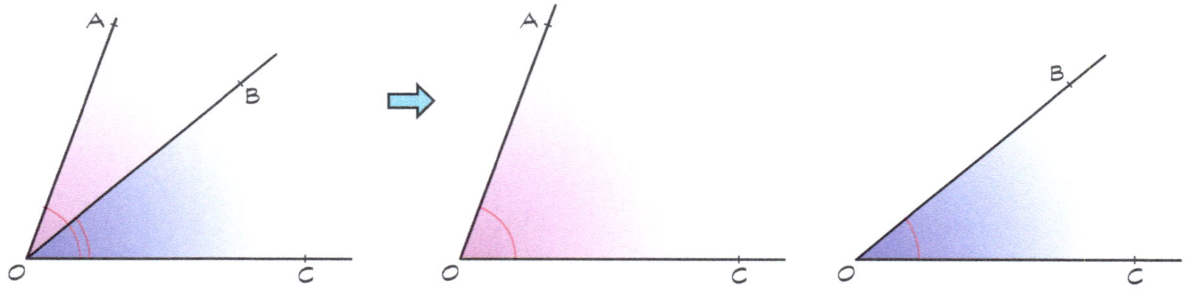

vértice comum: O lado comum: $\overrightarrow{OC}$

Nesse caso, os ângulos têm pontos internos comuns.

Ângulos adjacentes

Dois ângulos consecutivos que não têm pontos internos comuns são **adjacentes**.

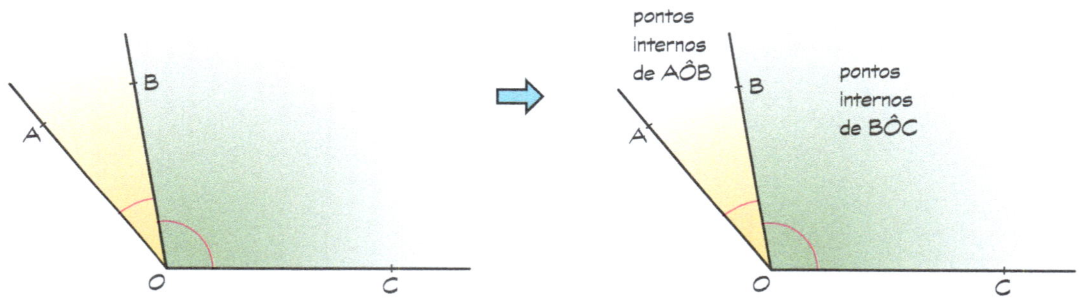

AÔB e BÔC são adjacentes.

Ângulos complementares

Um ângulo de medida α e outro de medida β são **complementares** se $\alpha + \beta = 90°$.

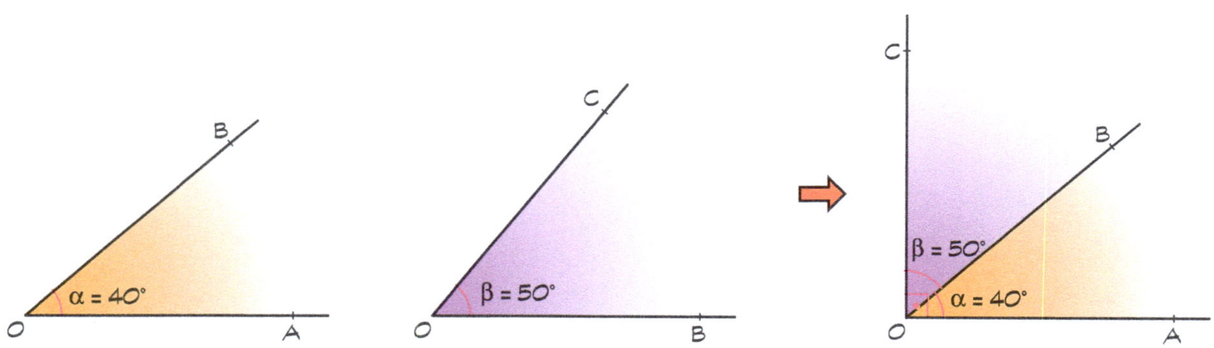

AÔB e BÔC são complementares, pois $\alpha + \beta = 90°$.

Observe a figura:

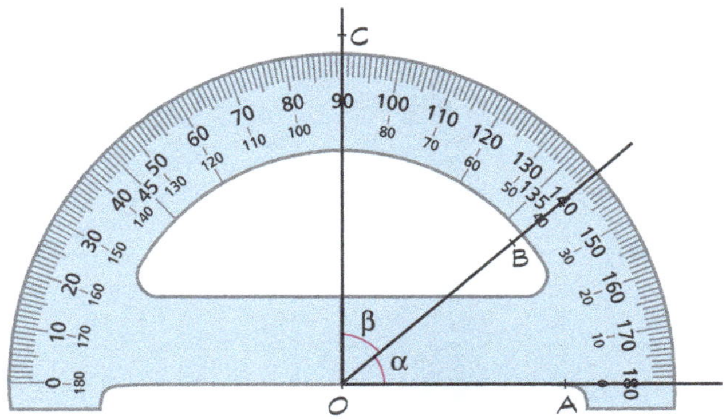

BÔC é o complemento de AÔB.

Repare que a medida do complemento do ângulo de medida α é dada por:

$$\beta = 90° - \alpha$$

Ângulos suplementares

Um ângulo de medida α e outro de medida β são **suplementares** se $\alpha + \beta = 180°$. Veja um exemplo:

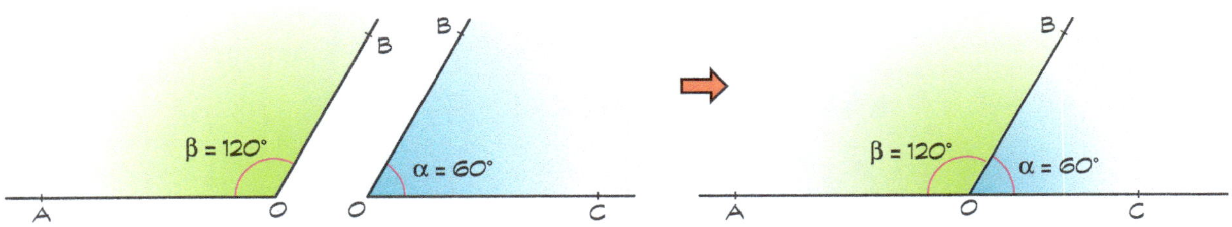

AÔB e BÔC são suplementares, pois $\alpha + \beta = 180°$.

Para obter o suplemento de um ângulo, basta traçar a semirreta oposta a um de seus lados.

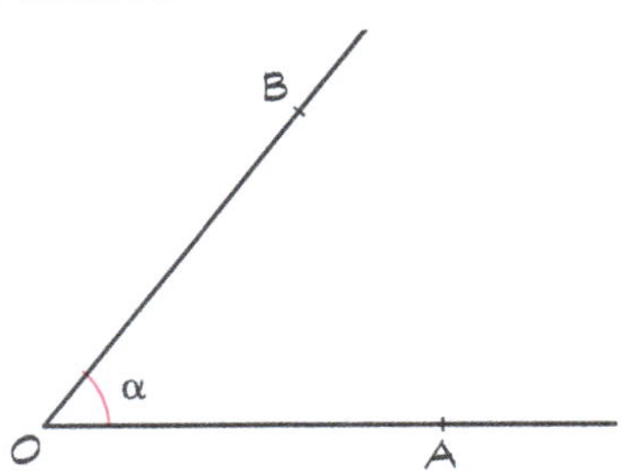

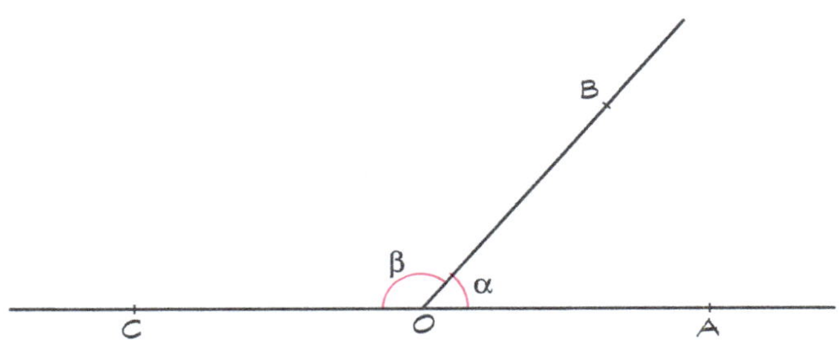

BÔC é o suplemento de AÔB.

Repare que a medida do suplemento do ângulo de medida α é dada por:

$$\beta = 180° - \alpha$$

Ângulos opostos pelo vértice

Dois ângulos são opostos pelo vértice (o.p.v.) quando os lados de um são semirretas opostas aos lados do outro.

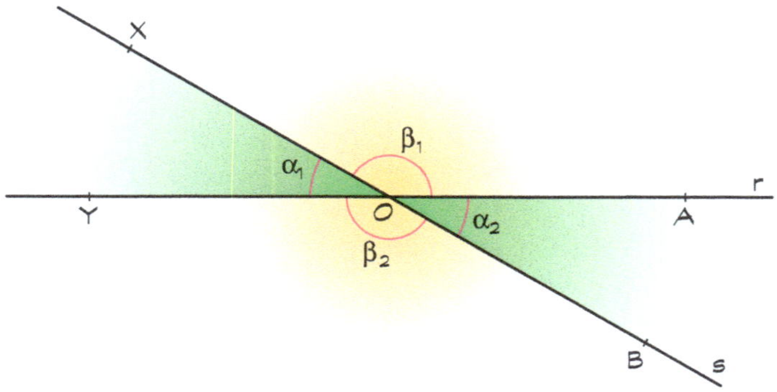

Os ângulos AÔB e XÔY são opostos pelo vértice.
Os ângulos AÔX e BÔY são opostos pelo vértice.

Duas retas concorrentes determinam dois pares de ângulos opostos pelo vértice.

Os pares de ângulos opostos pelo vértice são congruentes, isto é, $\alpha_1 = \alpha_2$ e $\beta_1 = \beta_2$.

ATIVIDADES

37 O que são ângulos consecutivos?

____

38 Assinale os pares de ângulos consecutivos:

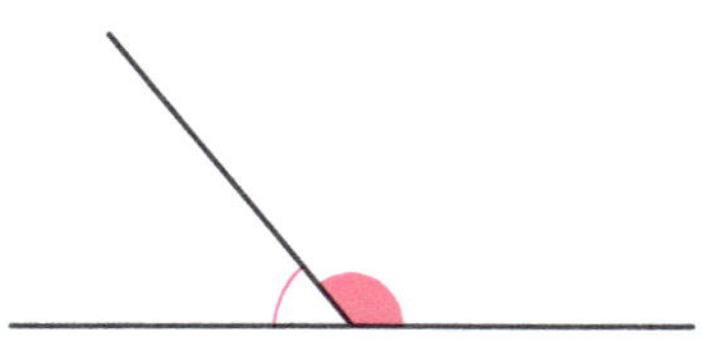

( )

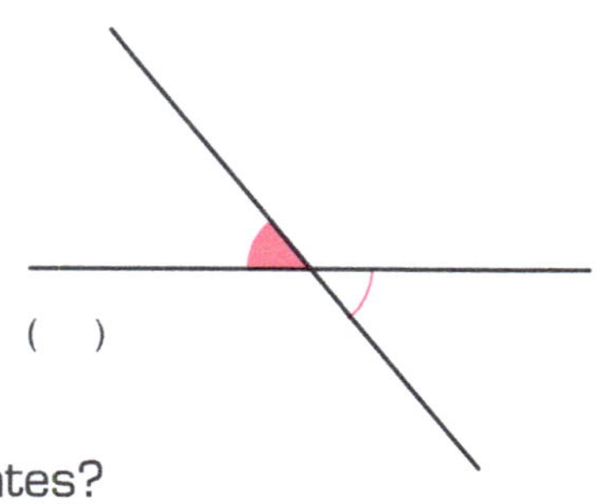

( )

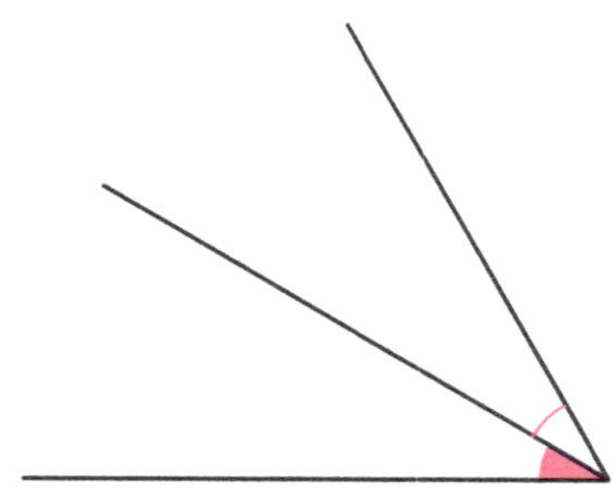

( )

39 O que são ângulos adjacentes?

____

40 Assinale os pares de ângulos adjacentes:

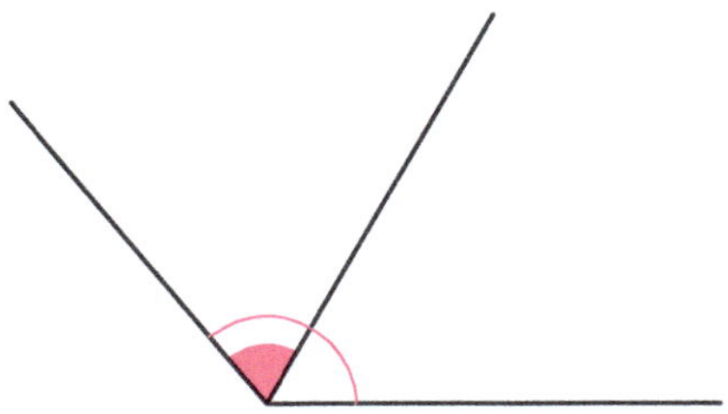

( )

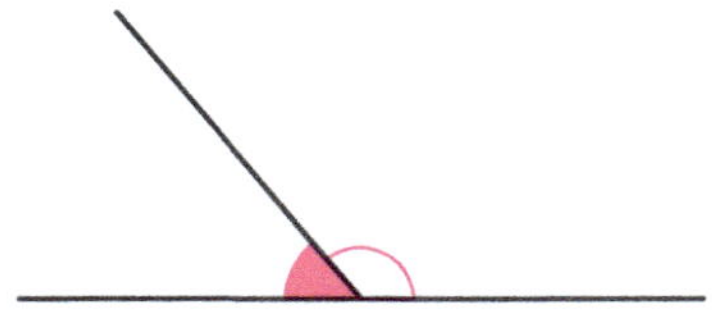

( )

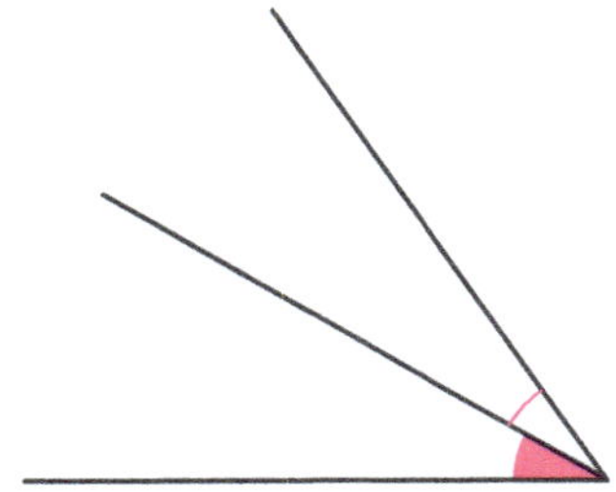

( )

41 Usando o transferidor, construa o ângulo BÔC, de medida igual a 35°, consecutivo e não adjacente ao ângulo AÔB:

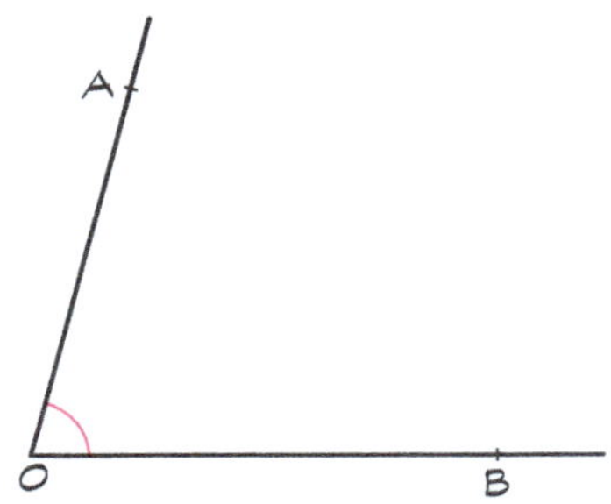

42 Usando o transferidor, construa o ângulo AÔC de medida igual a 30° e adjacente ao AÔB:

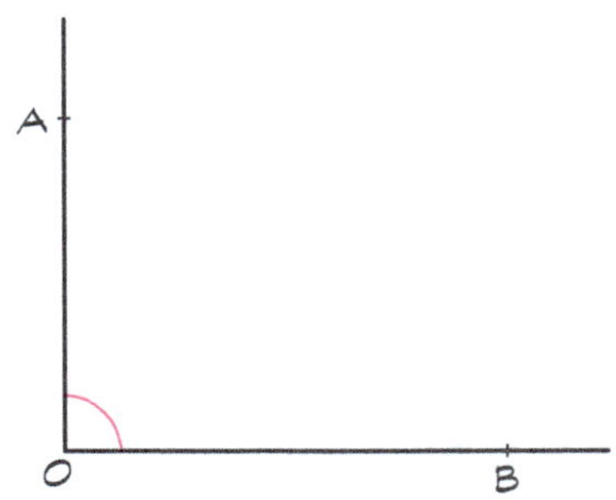

43 Usando o transferidor, construa o ângulo DÔE, adjacente e congruente ao ângulo CÔD:

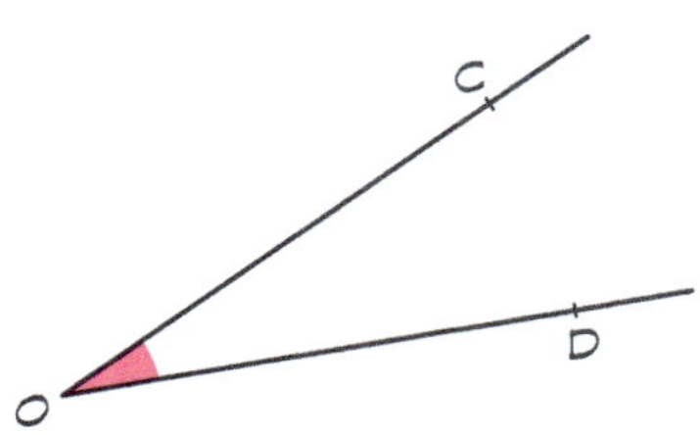

44 Quando dois ângulos são complementares?

____

____

45 Determine a medida do complemento de cada ângulo, sem utilizar transferidor:

a)

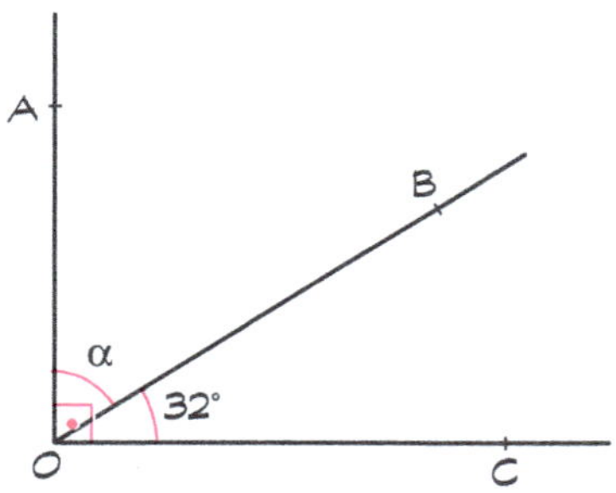

α = ______________

b)

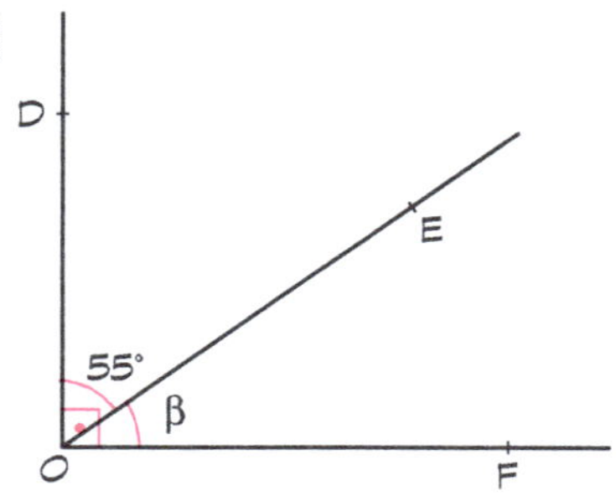

β = ______________

46 Usando o transferidor ou o par de esquadros, trace um ângulo complementar a cada um dos ângulos dados:

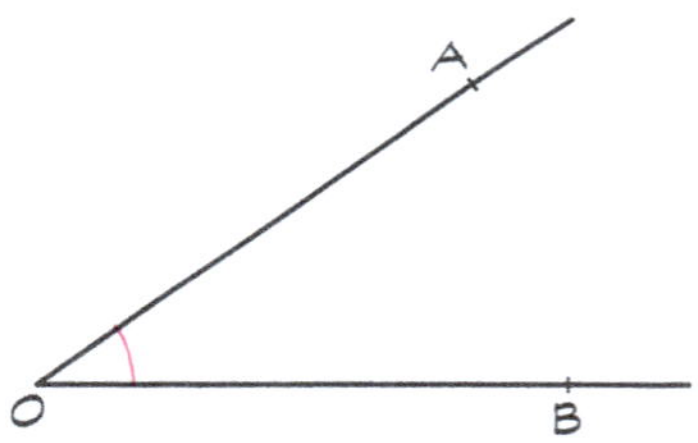

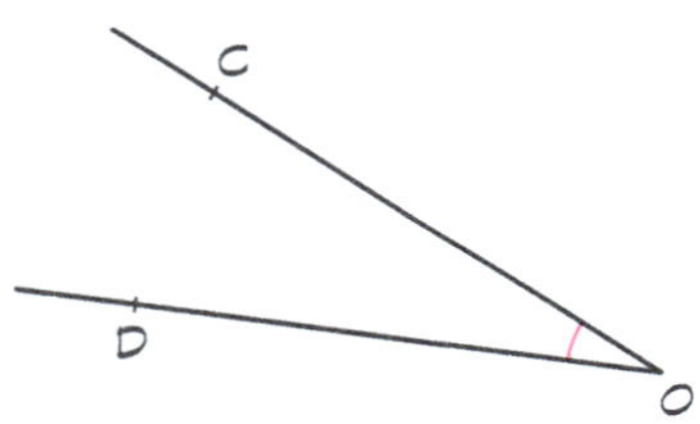

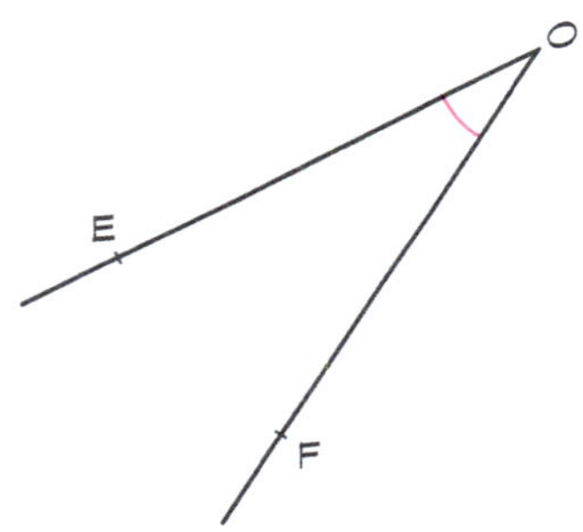

47 Trace AÔB e BÔC, sabendo que:

- AÔB e BÔC são congruentes;
- AÔB e BÔC são adjacentes;
- AÔB e BÔC são complementares.

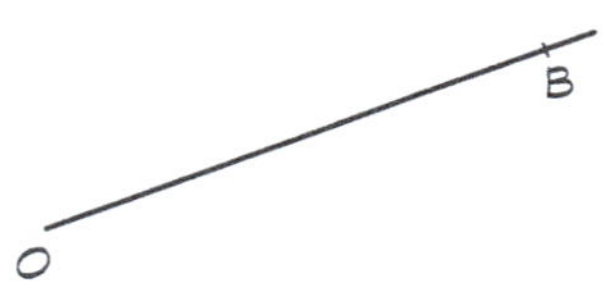

48 Quando dois ângulos são suplementares?

____

____

49 Determine a medida do suplemento de cada ângulo, sem utilizar transferidor:

a)

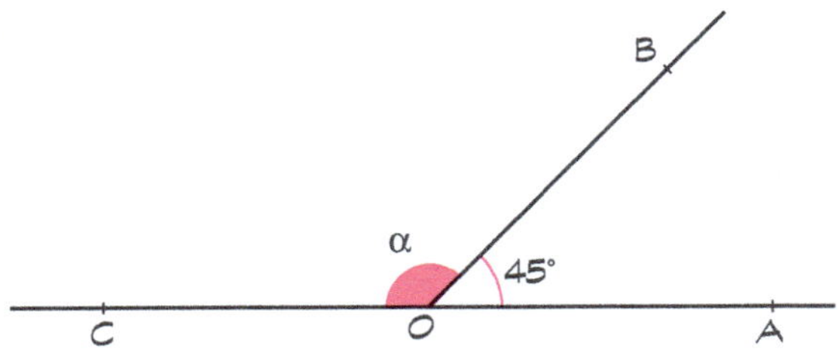

α = ______________

b)

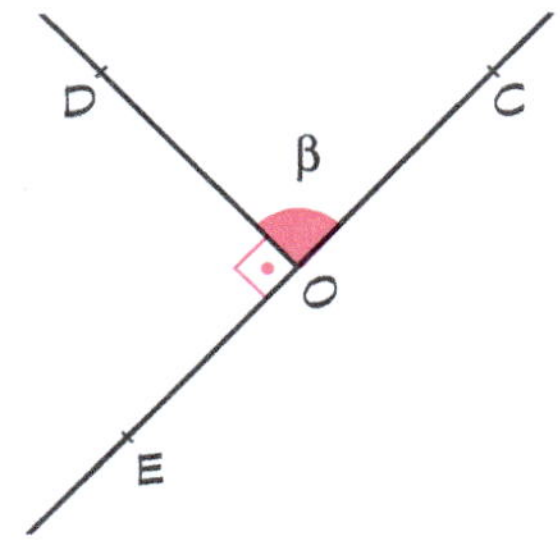

β = ______________

50 Determine graficamente um suplemento para cada ângulo:

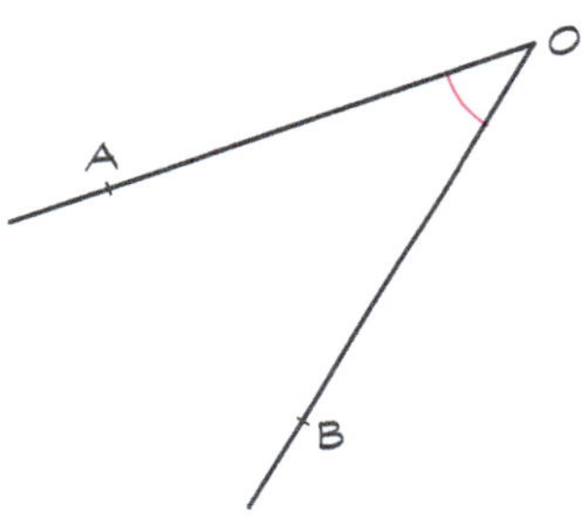

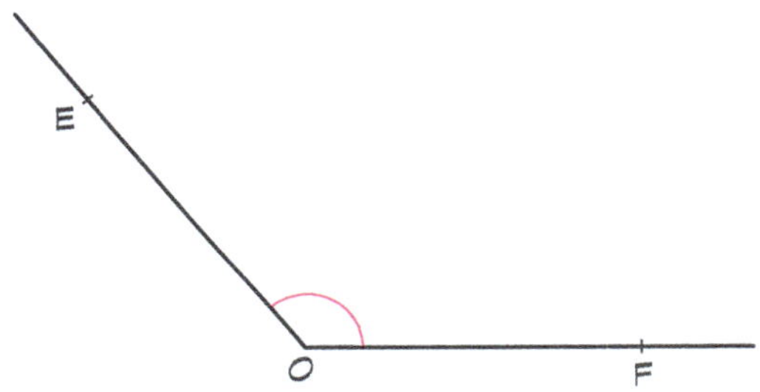

51 Dado o ângulo $A\hat{O}B$, construa:

- $B\hat{O}C$, complemento de $A\hat{O}B$;
- $C\hat{O}D$, suplemento de $B\hat{O}C$.

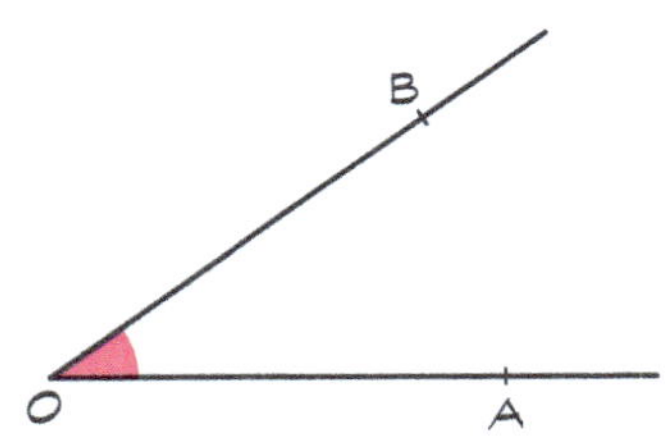

52 Quando dois ângulos são opostos pelo vértice?

____

____

53 Determine as medidas desconhecidas dos ângulos:

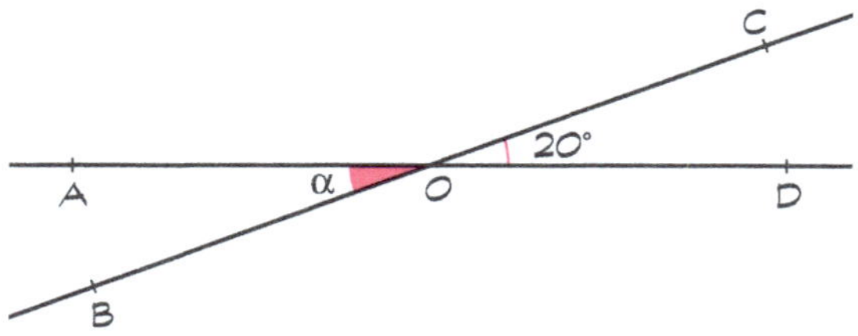

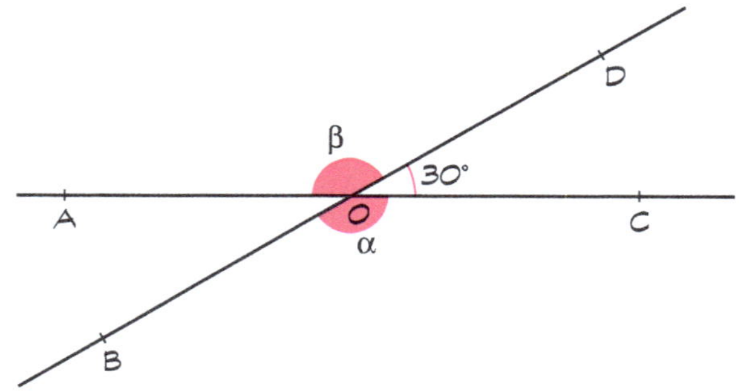

α = ____________

α = ____________ β = ____________

54 Trace o ângulo $C\hat{O}D$ oposto pelo vértice ao ângulo $A\hat{O}B$:

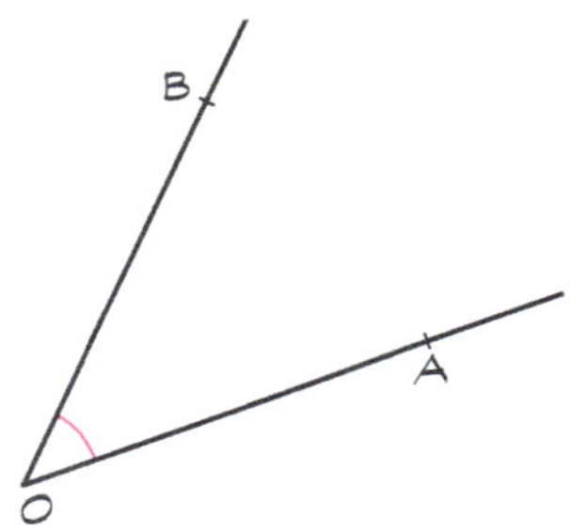

55 Trace $A\hat{O}C$, adjacente e complementar ao ângulo $A\hat{O}B$. Depois trace $D\hat{O}E$, oposto pelo vértice ao ângulo $A\hat{O}C$.

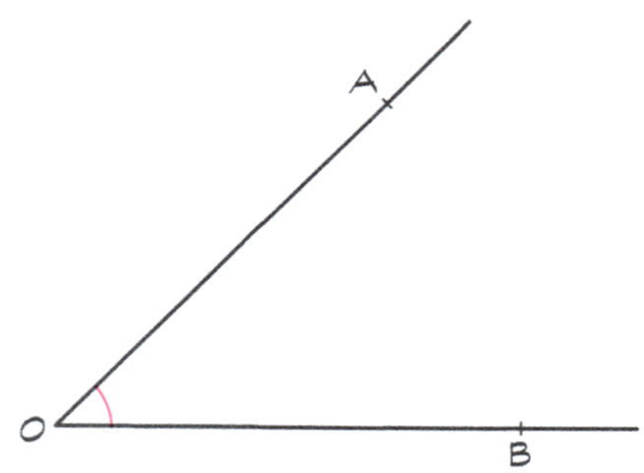

ALGO A MAIS

Torre de Pisa

Você já observou os prédios de uma cidade? Quase sempre, eles apresentam, na fachada, linhas perpendiculares às linhas do solo.

Existem, porém, construções em que isso não ocorre. A mais famosa delas é a Torre de Pisa, localizada na Itália.

Ela começou a ser construída na Idade Média, em 1173, sobre um solo argiloso, muito compressível. Demorou cerca de 200 anos para ser concluída.

Sua inclinação foi percebida durante a construção, quando três de seus oito andares já estavam prontos. Com o passar dos anos, a inclinação foi aumentando (em média 1,2 mm por ano) e atingiu uma situação crítica em 1990.

Desde então, várias equipes internacionais têm trabalhado a fim de diminuir a inclinação da torre e evitar sua queda.

Ana Araújo/Editora Abril

Valdemir Cunha/Editora Abril

Giulio Andreini/Liaison/Getty Images

Torre de Pisa, Itália.

5. Distâncias

Observe os pontos A e B em um mesmo plano:

Para ligarmos o ponto A ao B, podemos traçar muitos caminhos. Veja alguns deles:

caminho 1

caminho 2

caminho 3

caminho 4

Dos caminhos traçados, qual é o mais curto que liga esses dois pontos?

Com certeza é o caminho 3, que representa o segmento $\overline{AB}$.

Chamamos a medida desse caminho mais curto (segmento de reta) **distância**.

Distância entre dois pontos

Como vimos, a distância entre dois pontos é a medida do segmento determinado por eles. Exemplo:

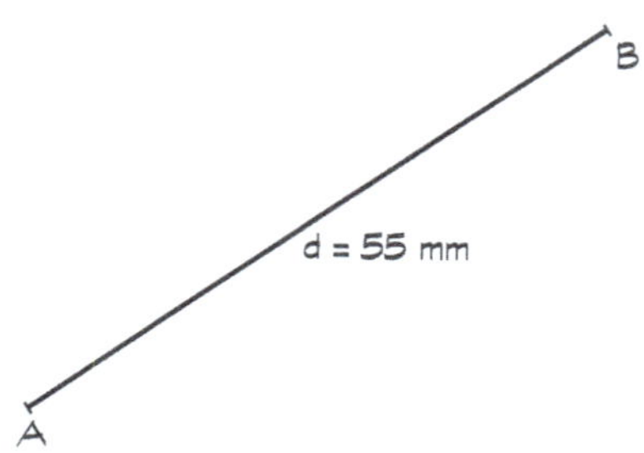

Indicamos: d(A, B) = 55 mm ou, de maneira simplificada, d = 55 mm.

A notação simplificada pode ser usada quando não houver dúvida sobre os pontos aos quais a distância se refere.

Distância entre ponto e reta

No caminho de casa até a escola, Marina deve atravessar uma rua que não tem faixa de pedestres.

Qual seria o caminho mais curto para ela chegar ao outro lado?

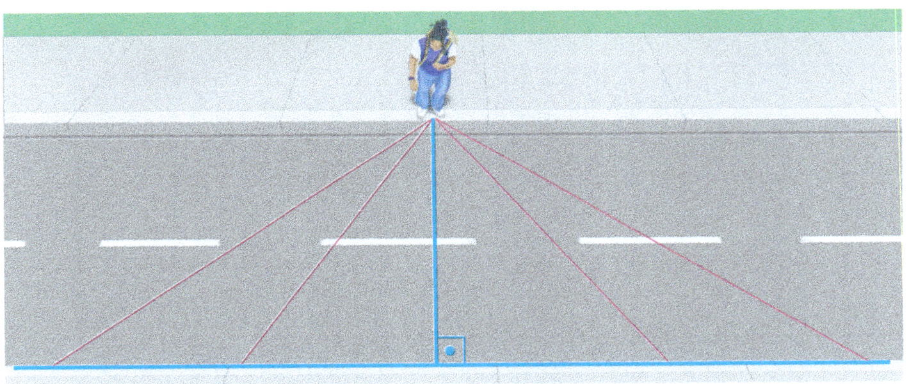

Observe que o segmento perpendicular à linha da calçada é o de menor comprimento.

A distância de um ponto A a uma reta r é dada pela medida do segmento $\overline{AP}$ perpendicular a r, sendo P um ponto de r. Exemplo:

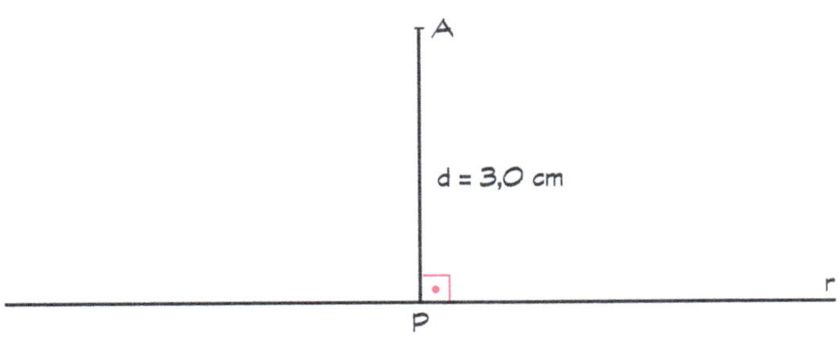

Indicamos: d(A, r) = 3 cm ou d = 3 cm.

Se A é um ponto de r, temos d(A, r) = 0.

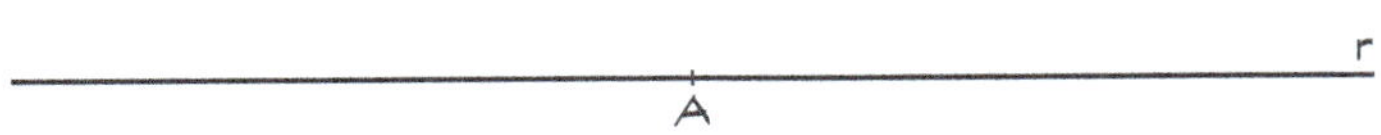

Podemos determinar a distância de um ponto a uma reta com o auxílio do par de esquadros:

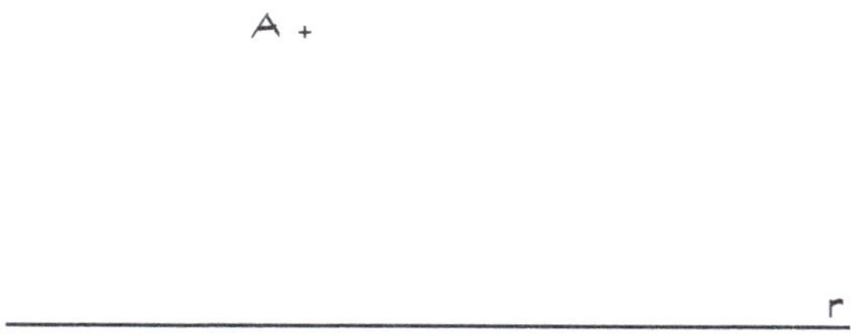

Dada a reta r e o ponto A.

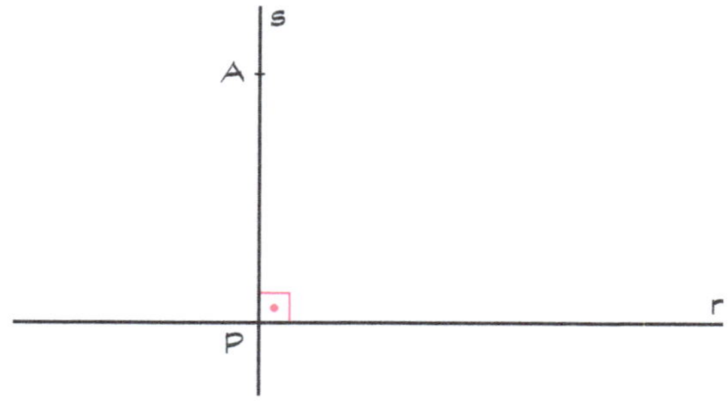

Trace, com o auxílio do par de esquadros, uma reta s perpendicular a r, passando pelo ponto A. Determine o ponto P na interseção com a reta r.

A distância do ponto A à reta r corresponde à medida do segmento $\overline{AP}$.
d(A,r) = AP.

Distância entre paralelas

A distância entre duas retas paralelas é a medida da distância de um ponto qualquer de uma das retas à outra reta.

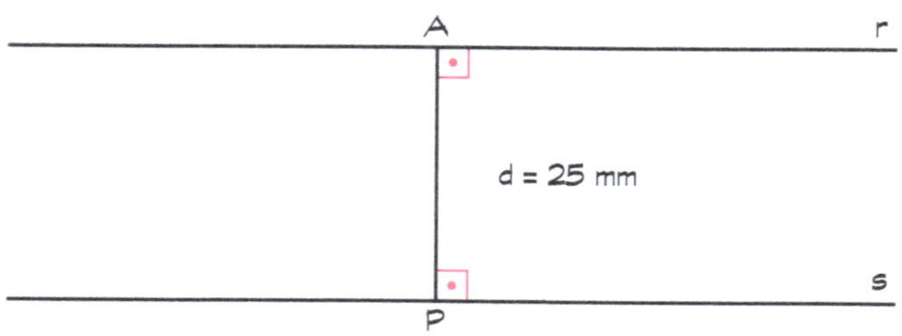

Indicamos: d(r, s) = 25 mm ou d = 25 mm.

Para obtermos a distância entre duas retas paralelas, basta traçarmos uma perpendicular qualquer e marcarmos os pontos de interseção da perpendicular com cada uma das retas.

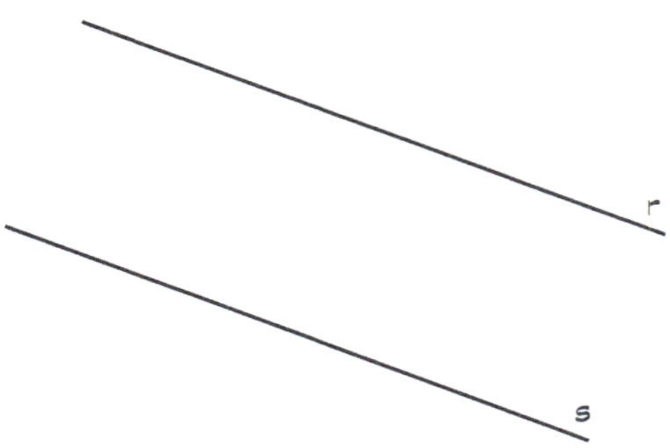

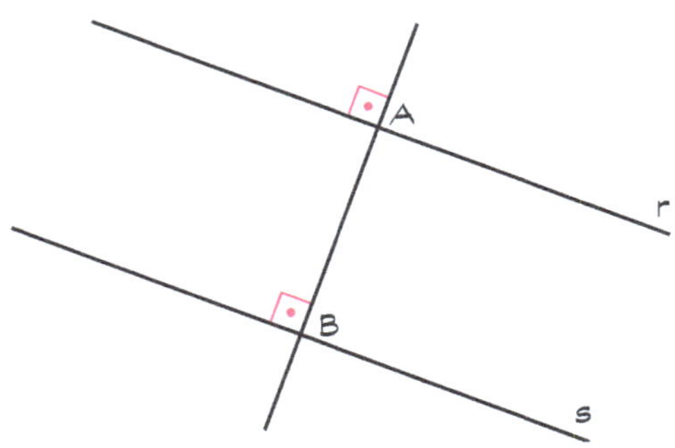

d(r, s) = AB

Veja como traçar paralelas conhecendo a distância entre elas.

Dada a reta r.

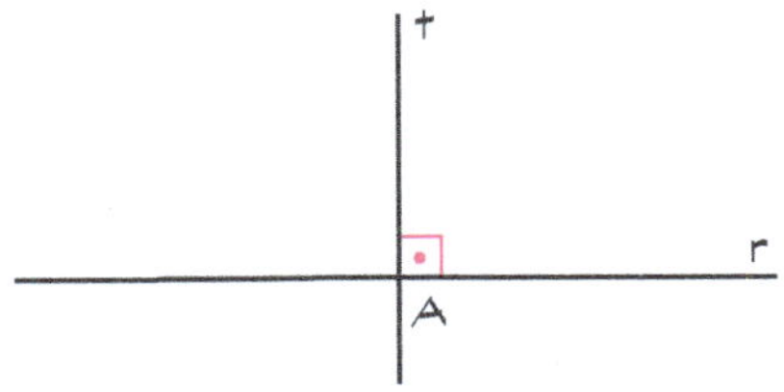

Trace a reta t perpendicular a r, determinando o ponto A em r.

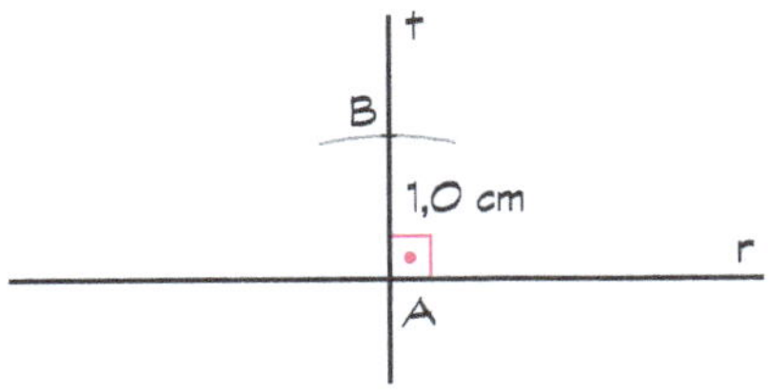

Determine o ponto B em t, tal que AB = 1,0 cm.

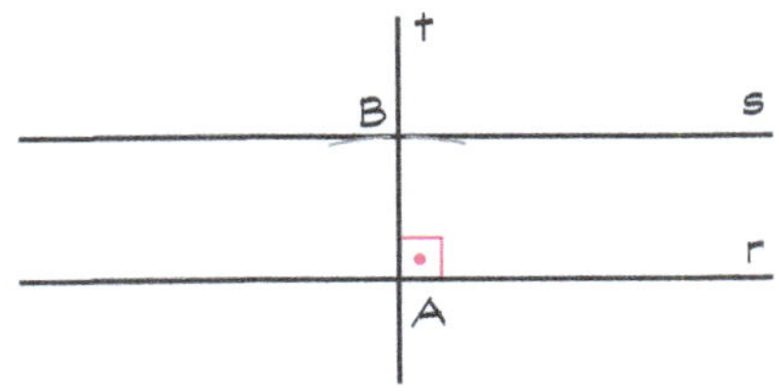

Trace, com o auxílio do par de esquadros, a reta s paralela a r passando pelo ponto B.

Esse problema admite estas duas soluções:

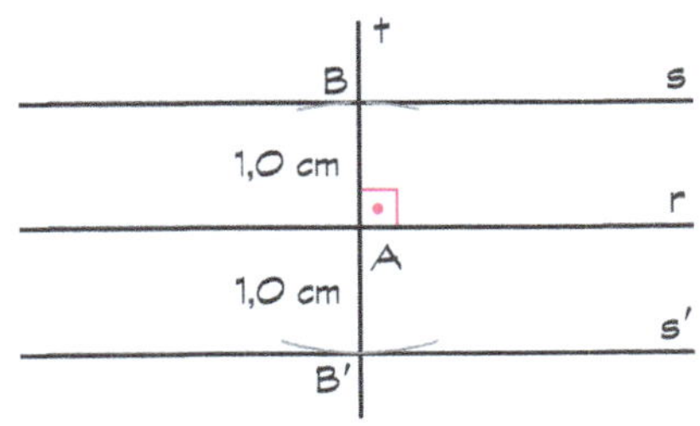

ATIVIDADES

1 Gabriela e Henrique moram em casas vizinhas. Certo dia, resolveram usar uma corda para medir a distância que os separava. Veja como fizeram:

Rob

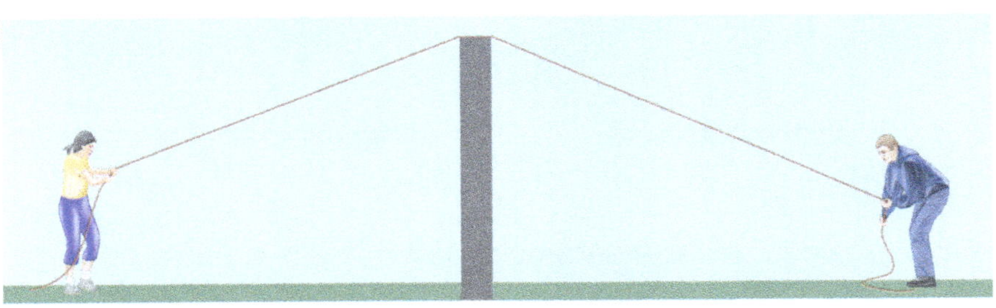

A distância obtida está correta? Por quê?

____

2 Com o uso da régua, determine, em milímetros, a distância entre os pontos:

d(B, C) = ______________

d(A, D) = ______________

d(B, D) = ______________

d(C, D) = ______________

d(E, B) = ______________

d(E, D) = ______________

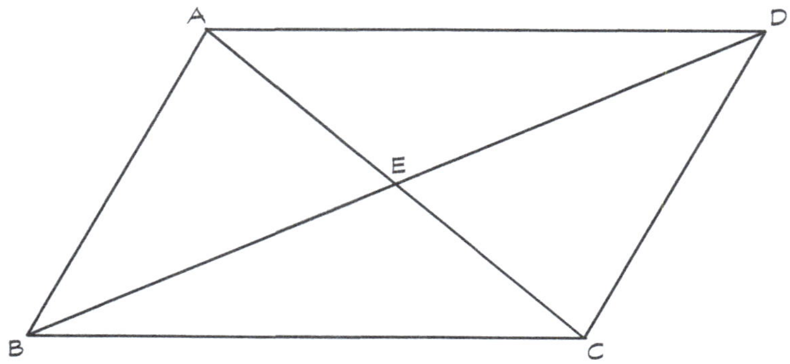

3 Nomeie os pontos da reta r, sabendo que:

- d(O, A) = 2,0 cm;
- B é ponto médio de $\overline{AO}$;
- d(B, C) = 4,0 cm;
- $\overline{OB}$ e $\overline{OD}$ são congruentes;
- d(D, E) = 7,0 cm.

4 Trace todos os segmentos cuja distância entre suas extremidades seja 2,5 cm:

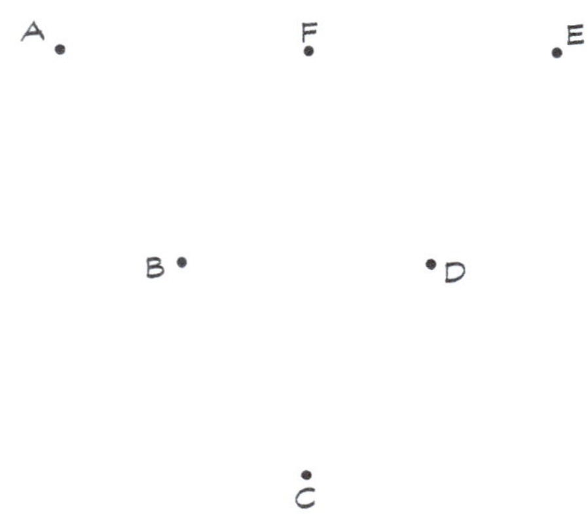

5 As figuras ilustram faixas de pedestres pintadas em uma rua:

fig (1)

fig (2)

Em qual delas a posição da faixa está correta? Por que a outra posição não é aconselhável?

____

____

6 Karen resolveu comprar sua revista preferida na banca de jornal da esquina.

Como não havia faixa de pedestres na rua, veja o trajeto que Karen fez até a banca de jornal:

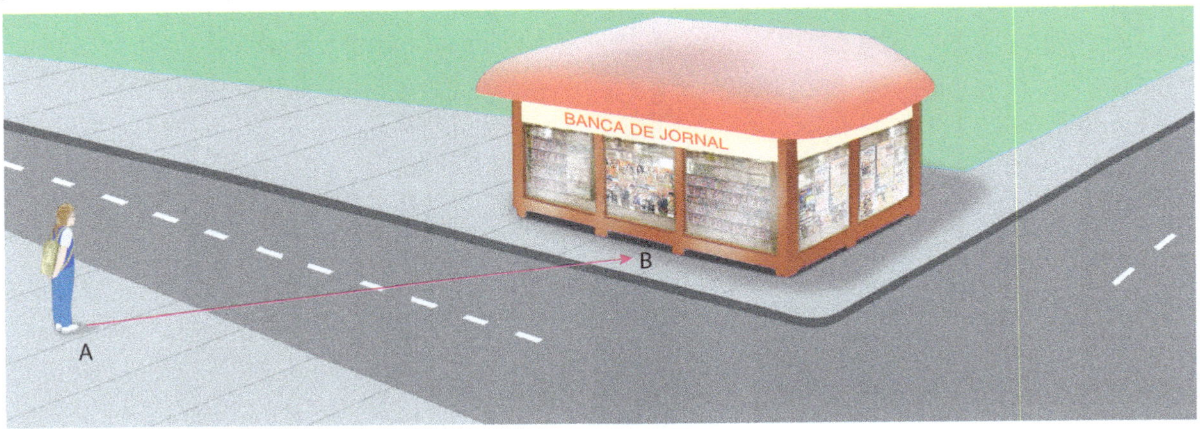

Quando estava no meio do trajeto, um carro virou a esquina e quase atropelou a menina. Que susto! Isso aconteceu porque Karen foi imprudente. Que trajeto ela deveria ter feito para sua maior segurança? Esboce o trajeto na figura.

Rob

7 Observe a figura e responda à questão:

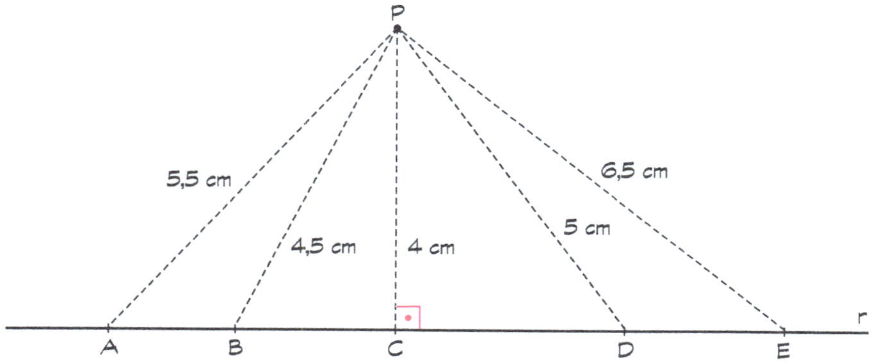

Qual é a distância do ponto P à reta r? ______________________

8 Usando o par de esquadros, determine graficamente a distância do ponto P à reta r, em cada caso. Em seguida, meça as distâncias com a régua.

a)

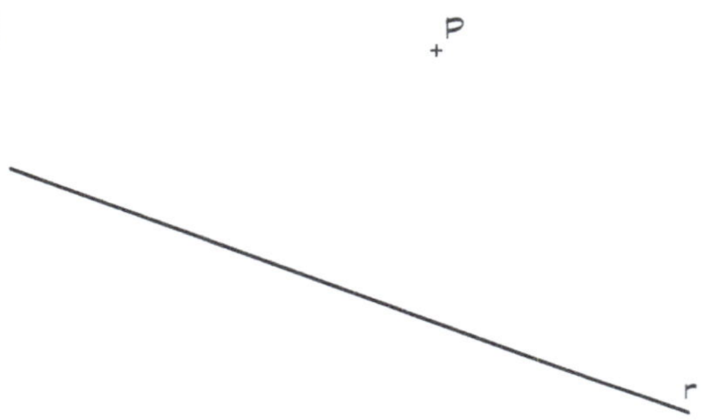

d(P, r) = ______________

b)

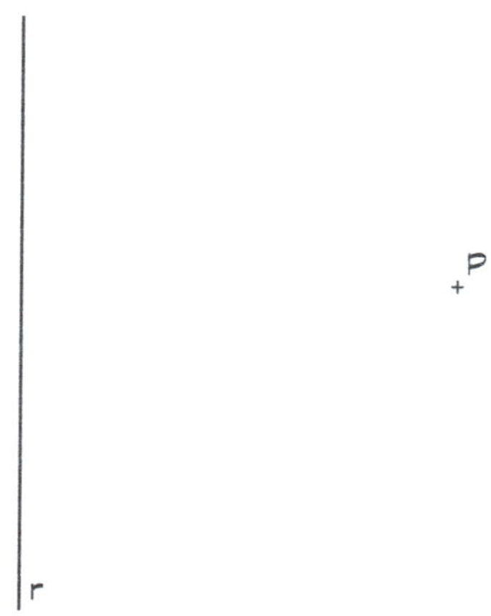

d(P, r) = ______________

9 Determine graficamente a distância do ponto C à reta $r = \overleftrightarrow{AB}$. Em seguida, meça a distância com a régua.

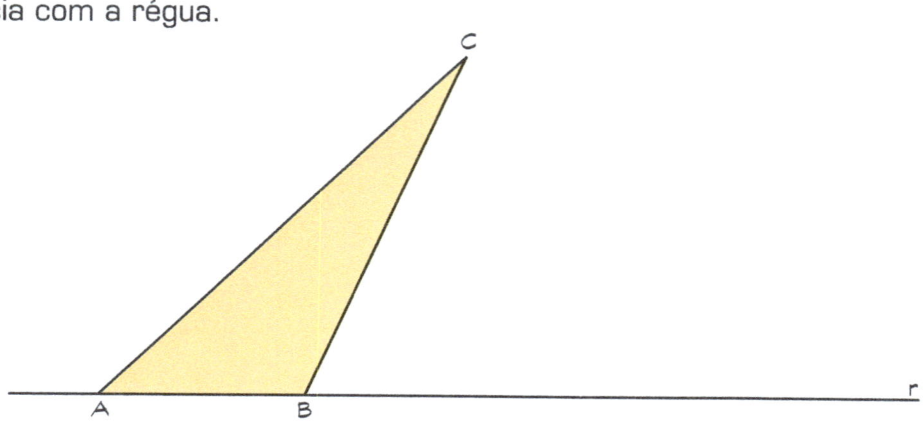

d = ______________________

10 Qual é a distância entre as retas r e s?

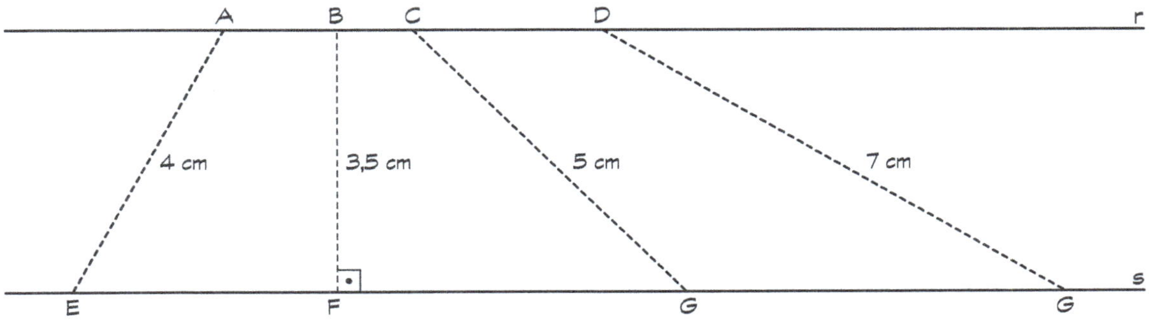

d(r, s) = ______

11 Com o par de esquadros, determine graficamente a distância entre as retas r e s. Em seguida, meça as distâncias com a régua.

a)

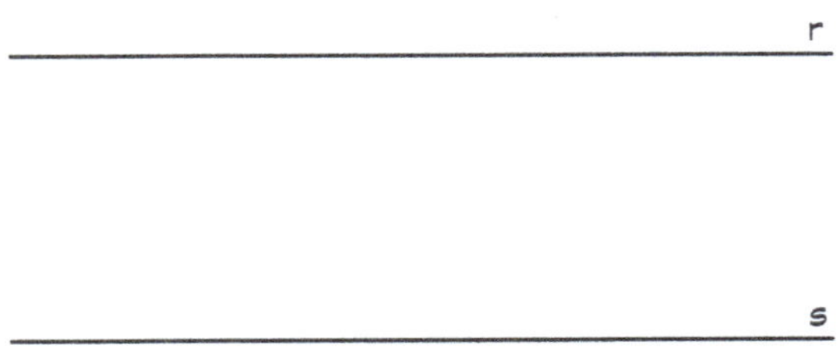

d(r, s) = ______

b)

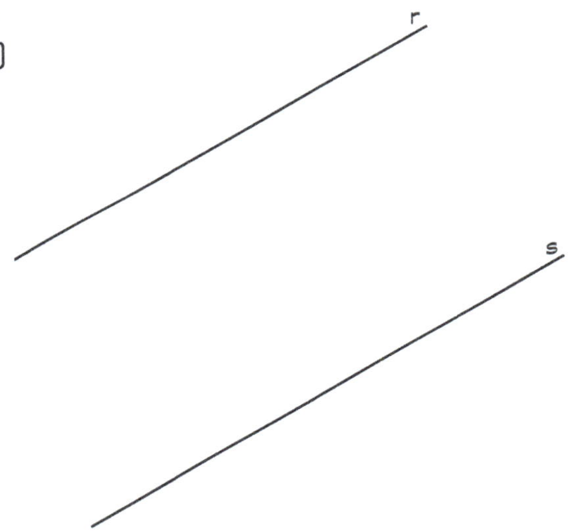

d(r, s) = ______

12 Determine graficamente e meça a distância h entre $\overline{AB}$ e $\overline{CD}$.

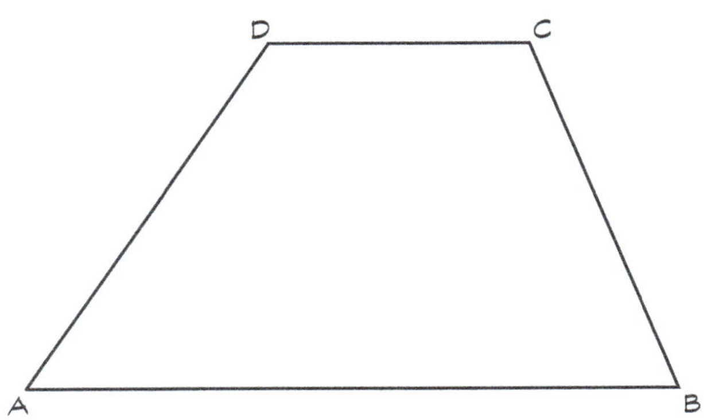

h = ______

13 Usando a régua e o par de esquadros, trace uma reta s paralela a r, tal que d(r, s) = 2,5 cm:

14 Trace as retas a e b paralelas a r à distância de 1,5 cm:

15 Observe as figuras e descubra em qual delas a faixa central da rua está pintada corretamente, dividindo a rua em duas faixas iguais:

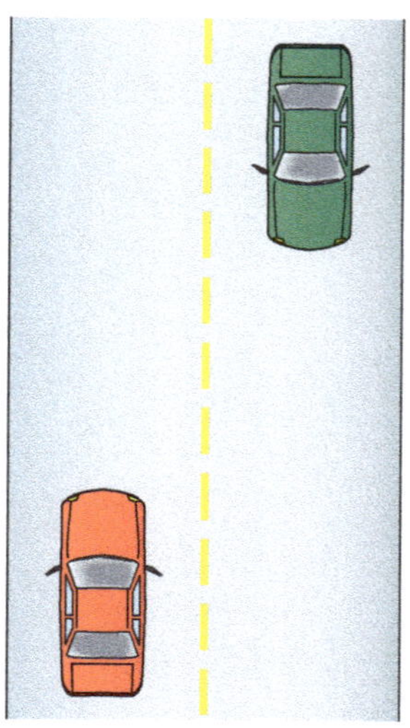

( )

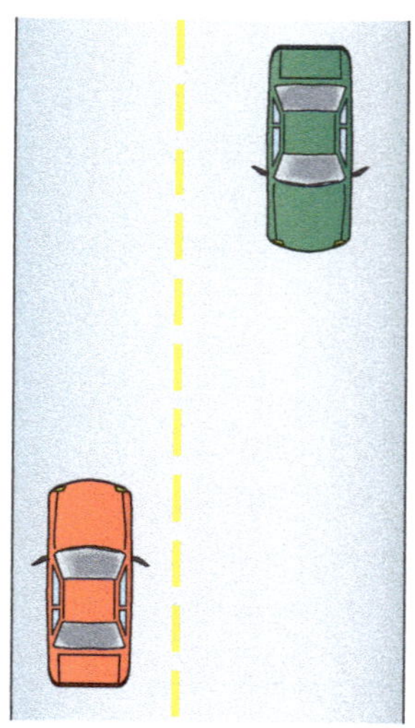

( )

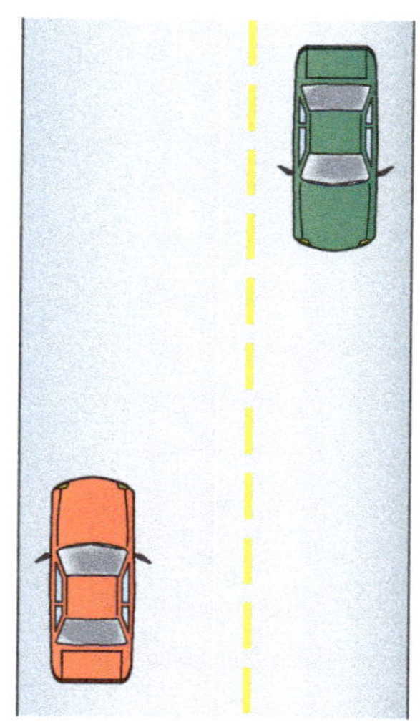

( )

ALGO A MAIS

Escala

Podemos calcular a distância aproximada entre duas cidades observando um mapa.

O mapa é uma representação gráfica e reduzida de uma determinada região (continente, país, estado, município etc.).

Essa redução é obtida pela aplicação de um conceito muito importante: a **escala**.

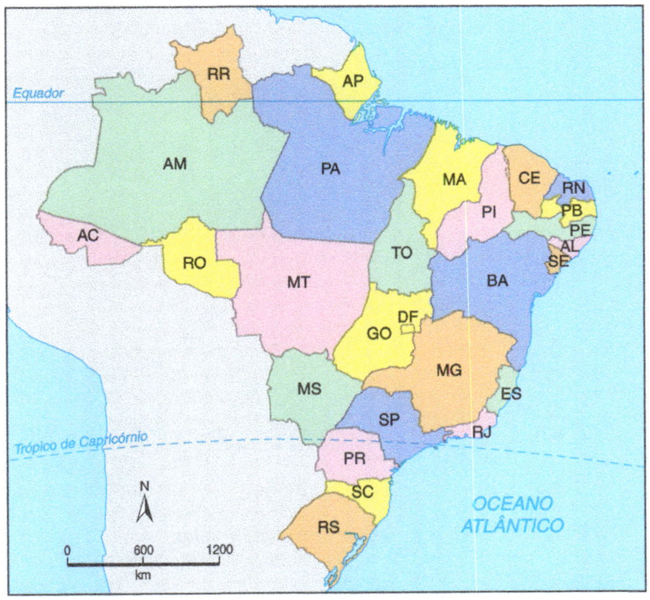

Veja alguns exemplos da utilização da escala:

Note que os dois blocos têm o mesmo formato, diferindo apenas no tamanho. Repare também que as dimensões encontradas no bloco (2) correspondem à metade das dimensões correspondentes encontradas no bloco (1). Então, dizemos que a escala utilizada é 1 : 2 ou $\frac{1}{2}$ (lê-se 1 para 2 ou um meio).

Observe que a escala serviu para representar a redução do bloco.

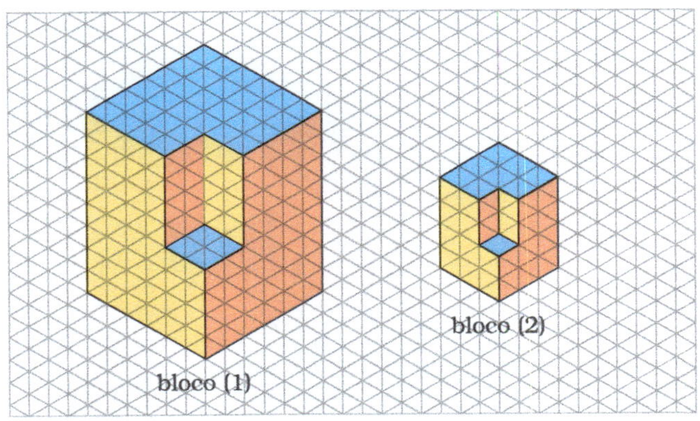

bloco (1) bloco (2)

Nesse caso, a figura (2) é uma ampliação da figura (1). As dimensões encontradas na figura (2) correspondem ao triplo das dimensões correspondentes encontradas na figura (1). Então, a escala utilizada é 3 : 1 ou $\frac{3}{1}$ (lê-se três para um ou três sobre um).

Observe que a escala serviu para representar a ampliação da figura.

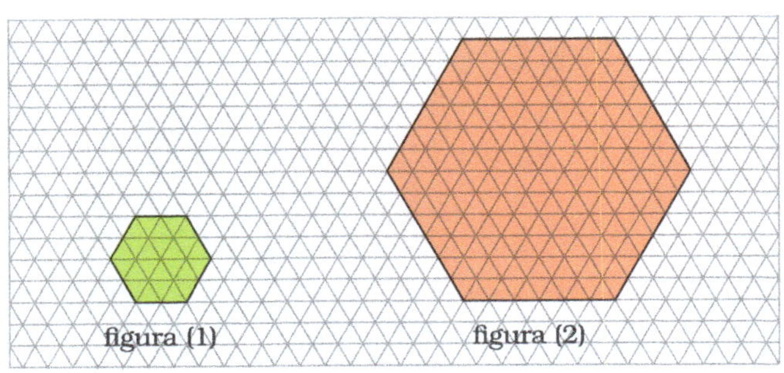

figura (1) figura (2)

O mapa seguinte da região Centro-Oeste foi construído na escala 1: 24 000 000, isto é, cada 1 cm no mapa corresponde a 24 000 000 cm ou 240 km em dimensões reais.

Medindo a distância entre as cidades de Cuiabá e Campo Grande, encontramos 2,3 cm, que correspondem a uma distância real aproximada de 550 km.

Para representar espaços e objetos, são empregadas diferentes escalas. Observe alguns exemplos:

- na fabricação de miniaturas
- na planta de uma casa

Rubens Chaves

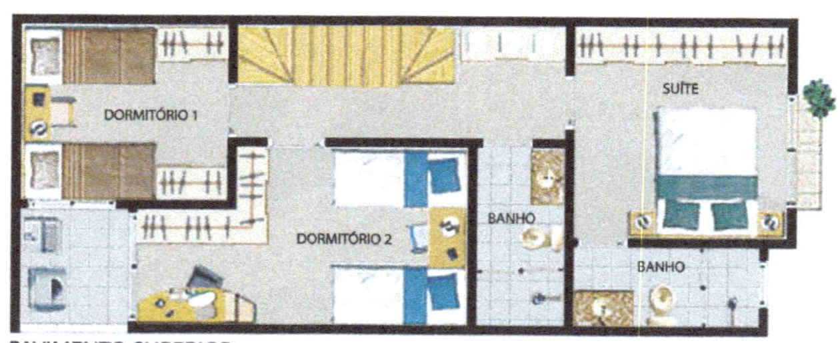

PAVIMENTO SUPERIOR

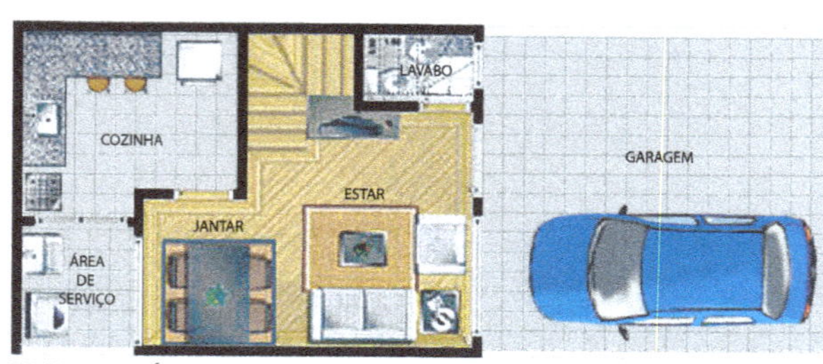

PAVIMENTO TÉRREO

Rob

6. Curvas e regiões

As curvas podem ser classificadas em abertas ou fechadas, simples ou não simples.

Curvas abertas

Elas podem ser:

- **simples:** não têm pontos de interseção;

- **não simples:** têm pontos de interseção.

Curvas fechadas

Elas podem ser:

- **simples:** não têm pontos de interseção;

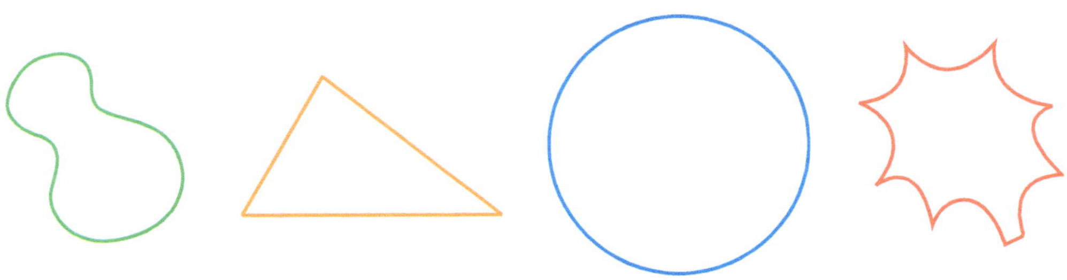

- **não simples:** têm pontos de interseção.

As curvas formadas somente por segmentos de reta são chamadas **poligonais**. Elas são classificadas em:

poligonal aberta simples

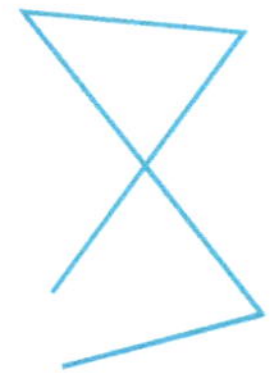

poligonal aberta não simples

poligonal fechada simples

poligonal fechada não simples

Região convexa e região não convexa

Uma curva fechada simples que tem todos os pontos em um plano determina nesse plano duas regiões:

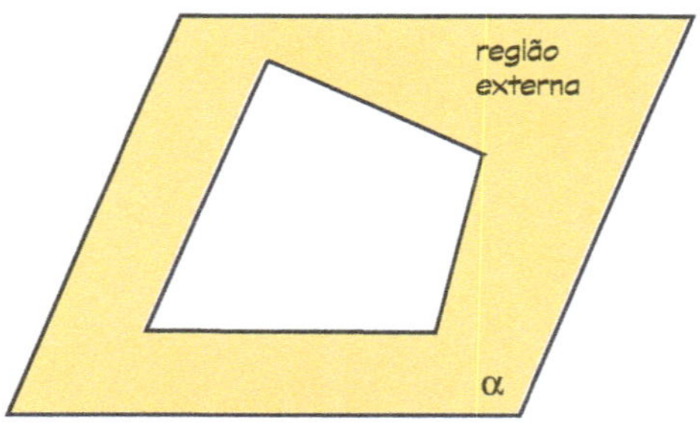

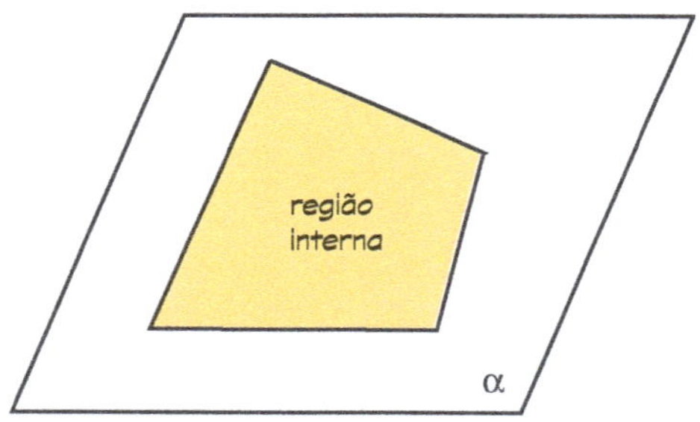

A região interna de uma curva pode ser **convexa** ou **não convexa**.

Uma região é convexa quando qualquer segmento com extremidades em dois de seus pontos está inteiramente contido nela:

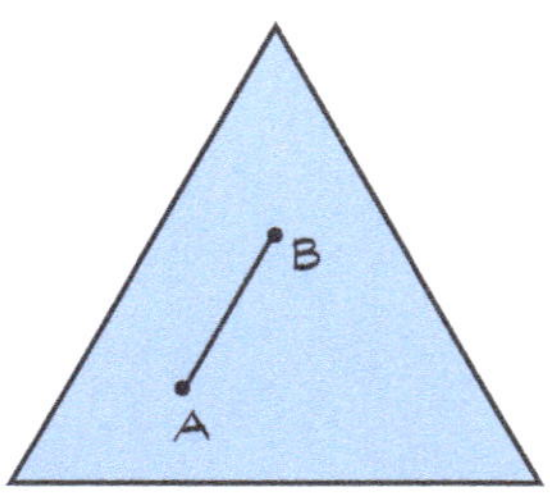

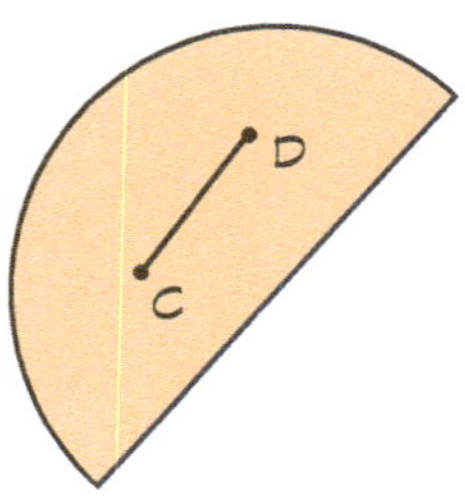

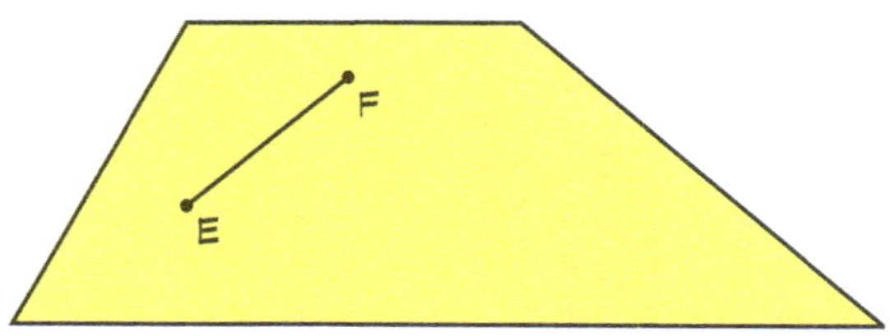

Uma região é não convexa quando há, pelo menos, um segmento com extremidades em dois de seus pontos que não está totalmente contido nela:

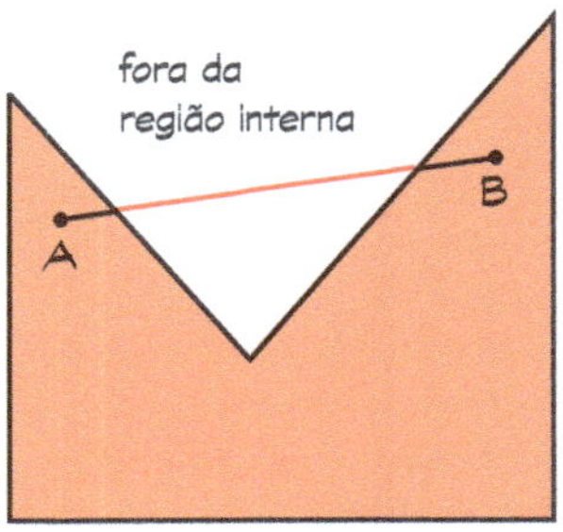

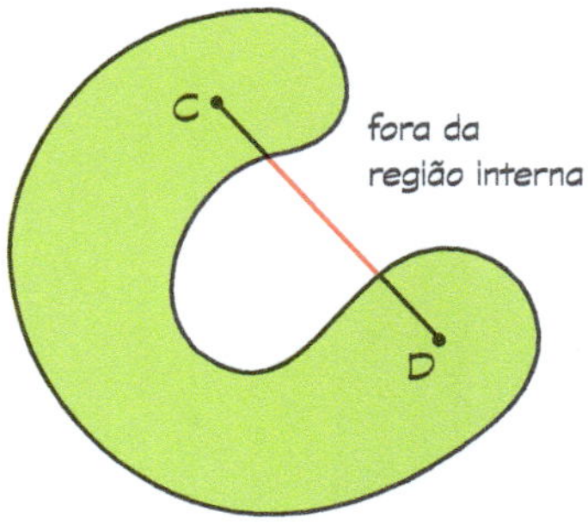

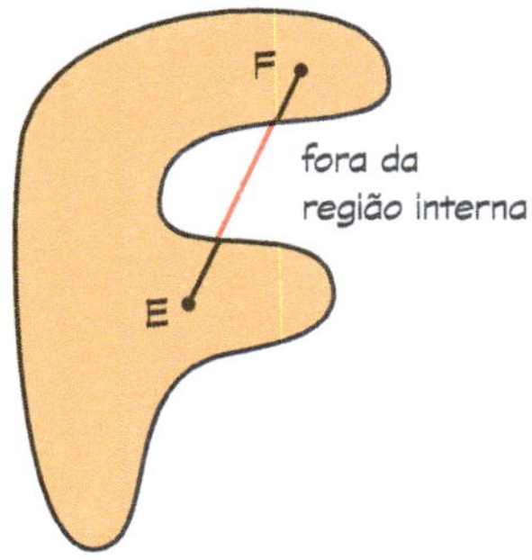

ATIVIDADES

1 Quais curvas são abertas?

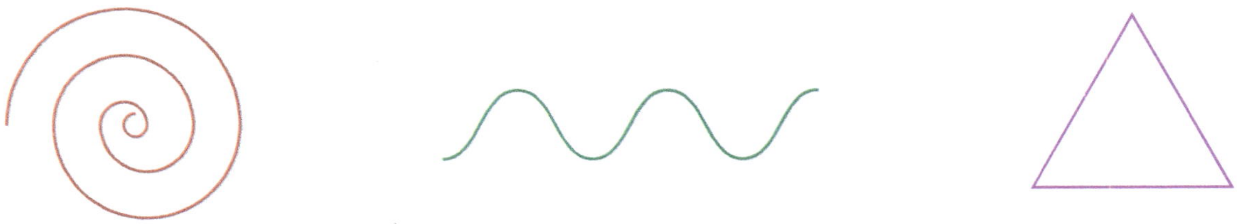

( ) ( ) ( )

2 Quais curvas são simples?

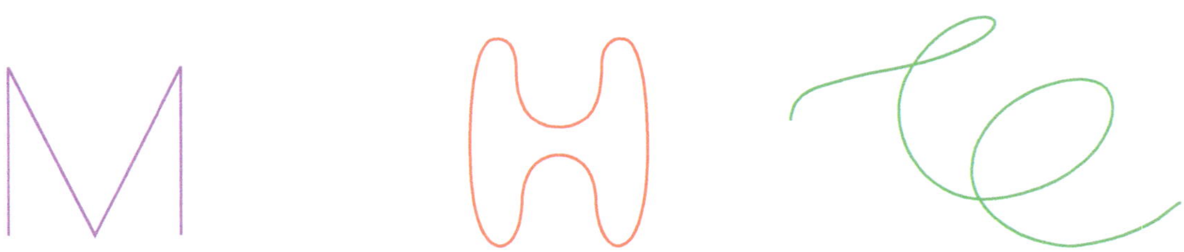

( ) ( ) ( )

3 Quais curvas são poligonais?

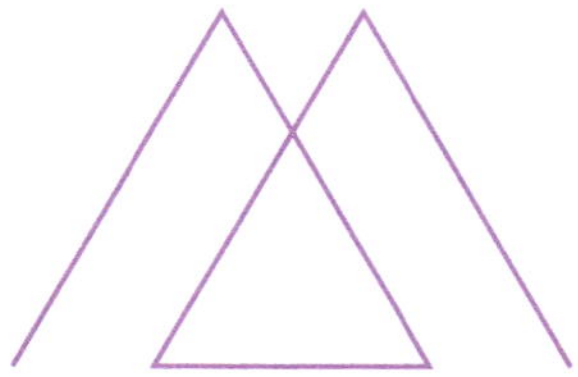
( )

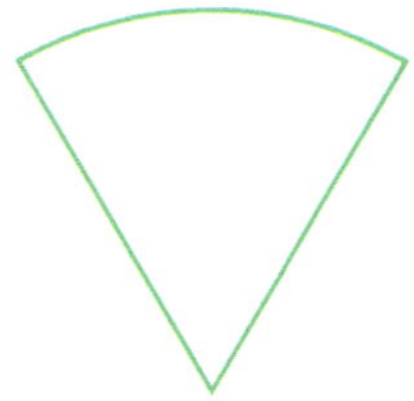
( )

( )

4 Quais poligonais são fechadas simples?

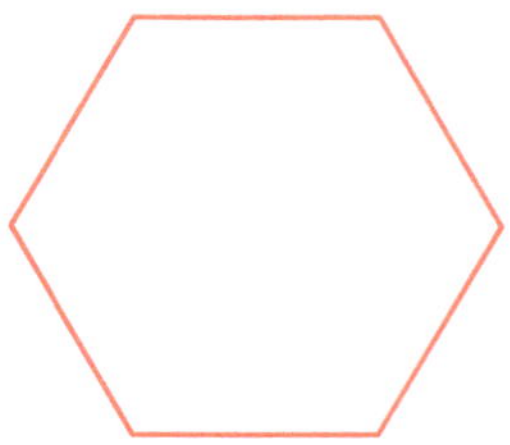
( )

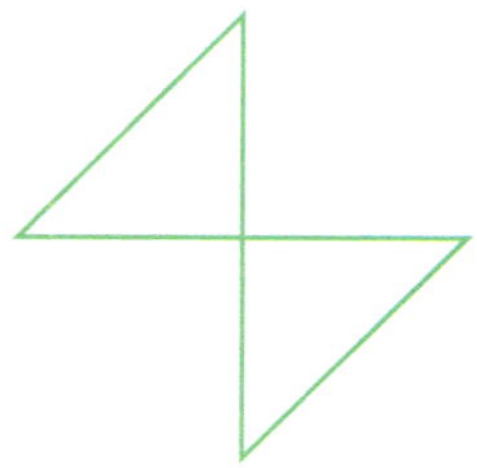
( )

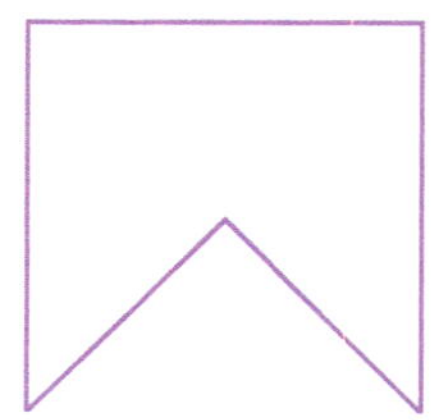
( )

5 Classifique as regiões em convexas (C) ou não convexas (NC):

( )

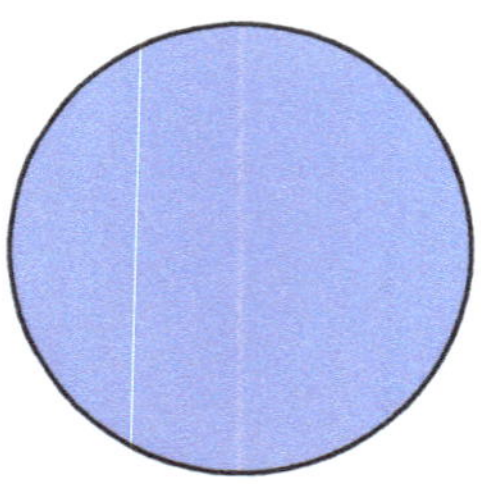
( )

( )

6 Em cada região abaixo, trace um segmento que comprove que ela é não convexa:

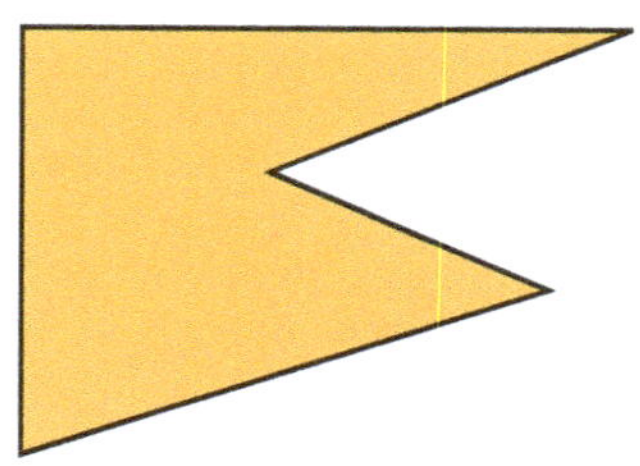

7 O autódromo José Carlos Pace, mais conhecido como Autódromo de Interlagos, na cidade de São Paulo, é o local onde são realizadas as principais competições automobilísticas brasileiras.

Alexandre Tokitaka/Editora Abril

Observando o traçado da pista, responda:

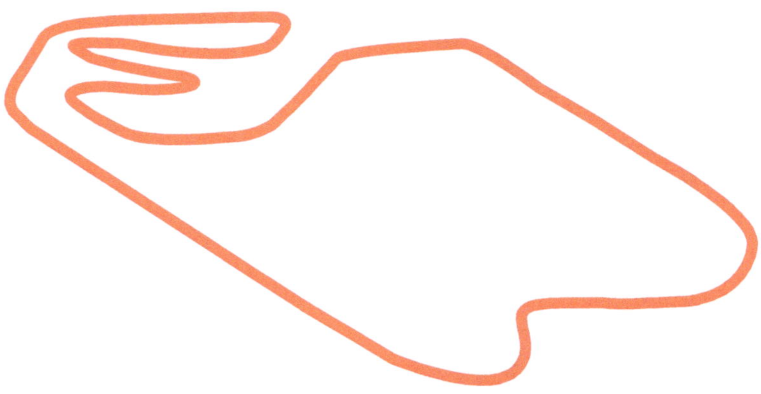

a) A curva do circuito é aberta ou fechada, simples ou não simples?

____

b) Analisando a região interna à pista, ela é convexa ou não convexa?

____

ALGO A MAIS

Luiz Sacilotto

Luiz Sacilotto nasceu na cidade de Santo André, no ABC paulista, em 22 de abril de 1924, onde viveu durante toda a sua vida.

www.sacilotto.com.br

Estudou pintura na Escola Profissional Masculina do Brás (1938-1943) e desenho na Associação de Belas-Artes (1944-1947).

Não vivia exclusivamente da arte. Trabalhou como desenhista de arquitetura e de esquadrias metálicas.

No início de sua carreira, viveu uma fase figurativa: desenhava muitos retratos e pintava paisagens e naturezas-mortas.

Na década de 1950, integrou o Grupo Ruptura, que fundou o movimento concretista brasileiro. As características desse movimento, nas artes plásticas, é o predomínio de formas geométricas organizadas de maneira harmoniosa, de acordo com a sensibilidade do artista.

As obras de Sacilotto são baseadas em figuras geométricas dispostas com um rigor matemático que dão ao observador a impressão de movimento.

Coleção particular

Concreção 8463, 1984.
Têmpera rhodopás sobre tela, 100 cm × 100 cm.

Coleção particular

G231, 1976.
Guache sobre papel, 50 cm × 50 cm.

Além de suas pinturas, Sacilotto desenvolveu muitas outras obras entre desenhos, gravuras e esculturas. Há várias delas expostas na cidade de Santo André (SP) em prédios, praças e instituições.

www.sacilotto.com.br

Concreção 0011, escultura em aço-carbono pintado, 8 m de altura. Atualmente esta escultura se encontra no Parque Central de Santo André (SP).

www.sacilotto.com.br

Concreção 0005, escultura em aço-carbono pintado, 4 m de altura. Rua Cel. Oliveira Lima. Projeto arquitetônico: arquiteto Décio Tozzi.

Léo Burgos

Léo Burgos

Painel para caixa de elevador, Sesc Santo André. Projeto arquitetônico: arquiteto Tito Lívio.

7. Polígonos

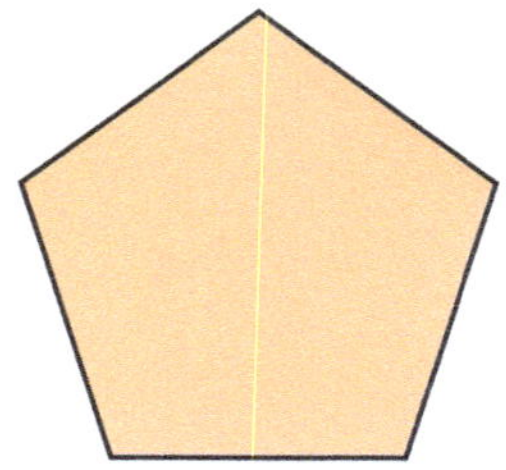

Polígono é uma figura geométrica plana formada pela reunião de uma linha poligonal fechada simples com sua região interna.

Muitos objetos de nosso dia a dia apresentam formas poligonais.

placa de trânsito

calçada

vitral

renda de labirinto, Iguape (CE).

Um polígono pode ser **convexo** ou **não convexo**.

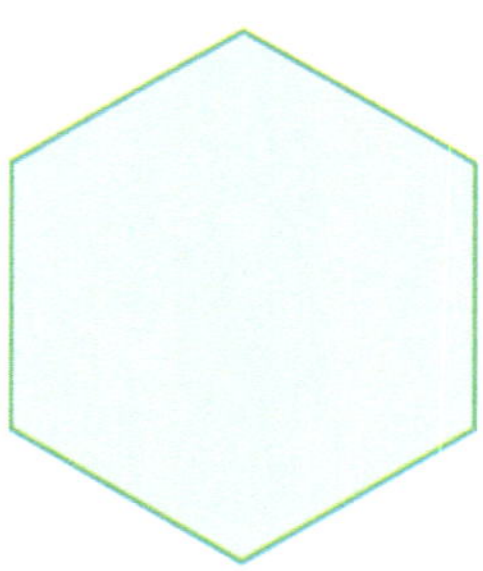

convexo

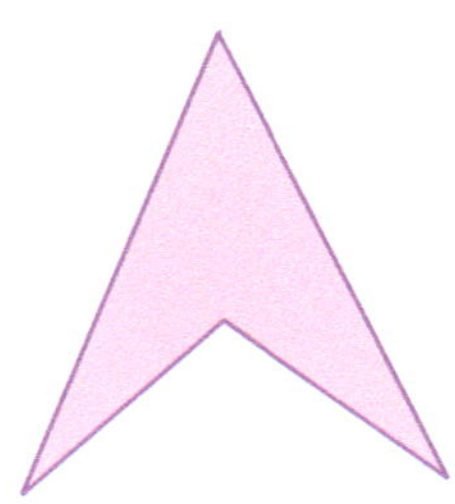

não convexo

Elementos de um polígono

Em um polígono, destacamos os seguintes elementos:

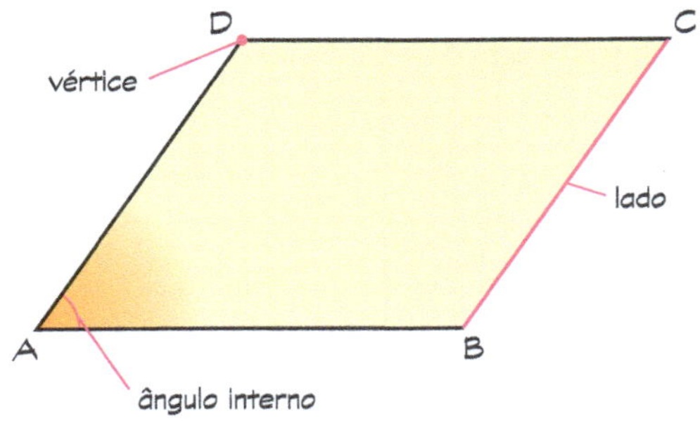

Veja o exemplo ao lado.
Os elementos do polígono ABCD são:

- vértices: A, B, C e D
- lados: $\overline{AB}$, $\overline{BC}$, $\overline{CD}$ e $\overline{DA}$
- ângulos internos: $\hat{A}$, $\hat{B}$, $\hat{C}$ e $\hat{D}$

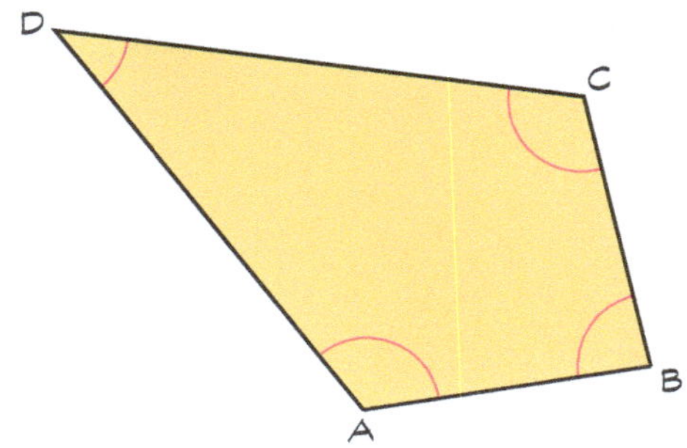

Outro elemento importante de um polígono é a **diagonal**.

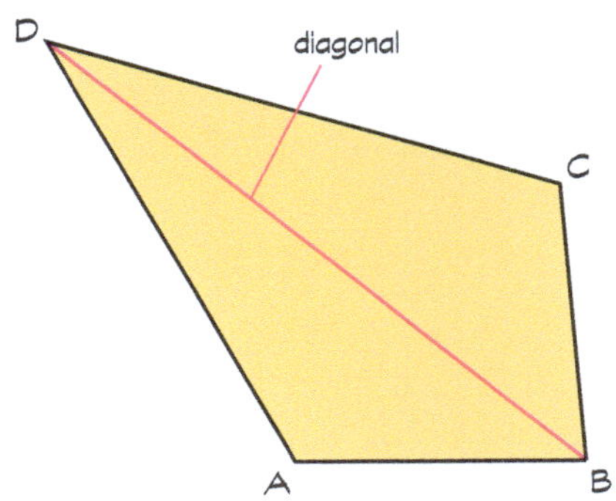

Nos polígonos abaixo foram traçadas todas as diagonais. Observe:

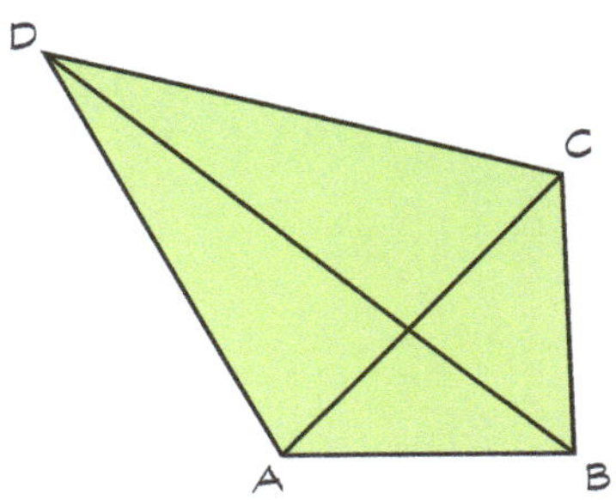

Duas diagonais: $\overline{AC}$ e $\overline{BD}$.

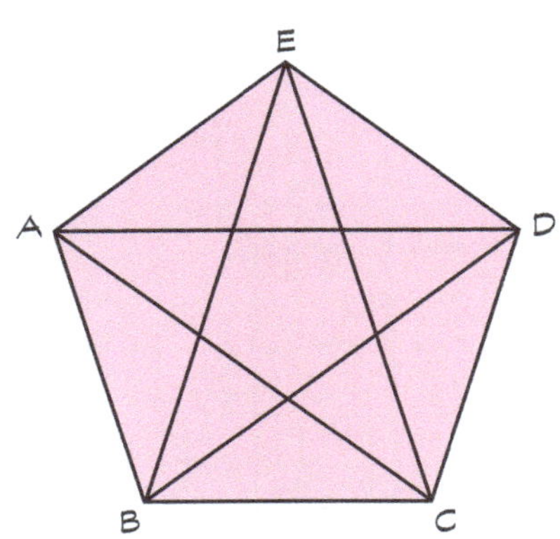

Cinco diagonais: $\overline{AC}$, $\overline{AD}$, $\overline{BE}$, $\overline{BD}$ e $\overline{CE}$.

Classificação dos polígonos

Os polígonos recebem nomes de acordo com o número de lados.

número de lados	classificação
3	triângulo
4	quadrilátero
5	pentágono
6	hexágono
7	heptágono
8	octógono
9	eneágono

número de lados	classificação
10	decágono
11	undecágono
12	dodecágono
13	tridecágono
15	pentadecágono
20	icoságono

Polígono regular

Um polígono é **regular** quando possui todos os lados e todos os ângulos internos congruentes.

Veja os exemplos:

1) 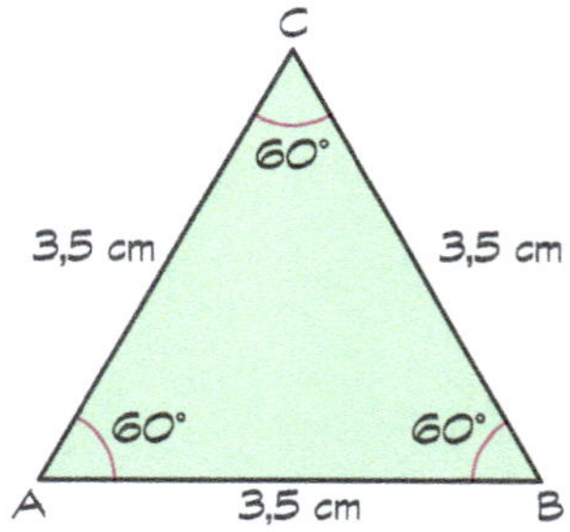

O triângulo ABC é regular, pois:

- AB = BC = AC = 3,5 cm
- $med(\hat{A}) = med(\hat{B}) = med(\hat{C}) = 60°$

2) 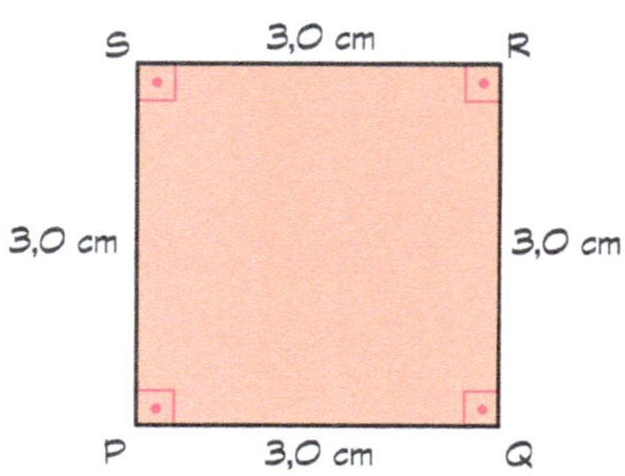

O quadrilátero PQRS é regular, pois:

- PQ = QR = RS = PS = 3 cm
- $med(\hat{P}) = med(\hat{Q}) = med(\hat{R}) = med(\hat{S}) = 90°$

Perímetro de um polígono

Para determinar a quantidade necessária de renda para o acabamento de uma toalha retangular, uma costureira contornou a peça com a renda.

Dessa forma, ela mediu o perímetro da toalha.

Perímetro é o comprimento do contorno de uma figura plana. Esse conceito é muito importante na Geometria.

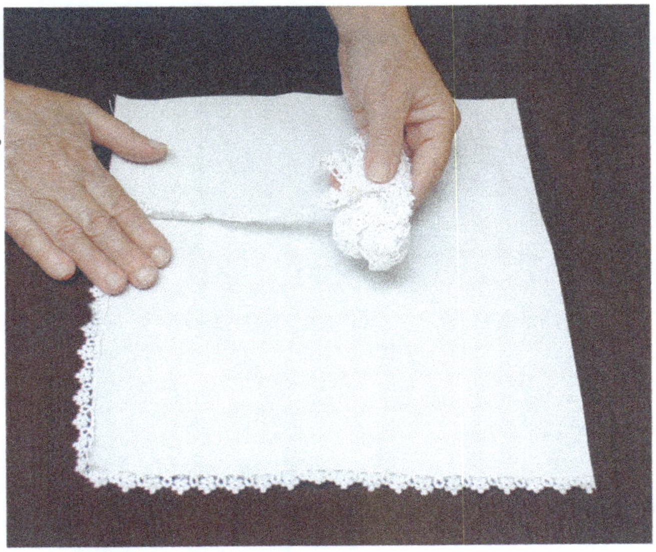
Sérgio Dotta Jr./The Next

Vamos calcular o perímetro do triângulo ABC.

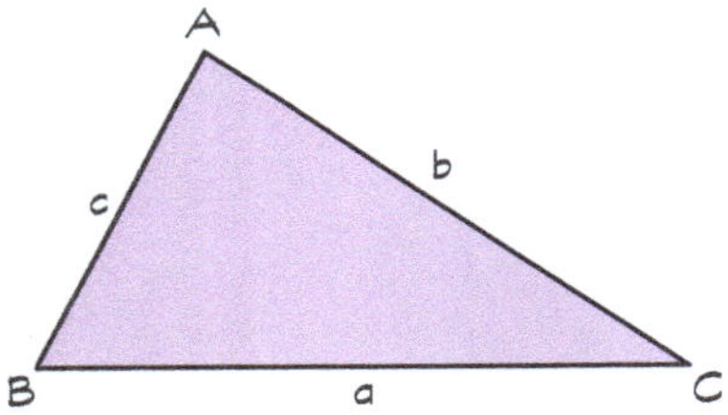

Contornando o triângulo ABC, obtemos um segmento de medida p = a + b + c.

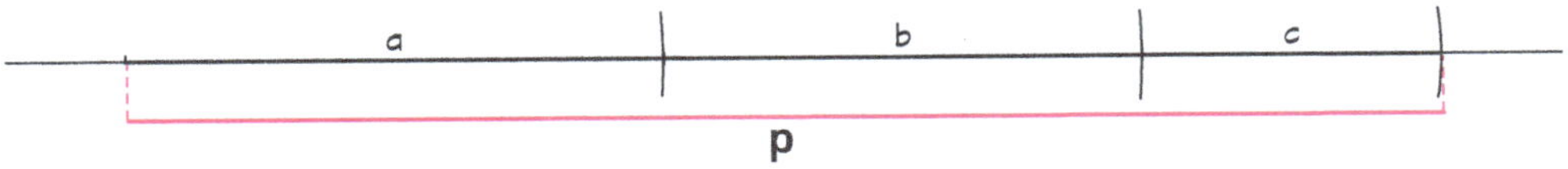

Concluímos, então, que o perímetro de um polígono é a soma das medidas de seus lados.

Veja a seguir exemplos de cálculo do perímetro de polígonos.

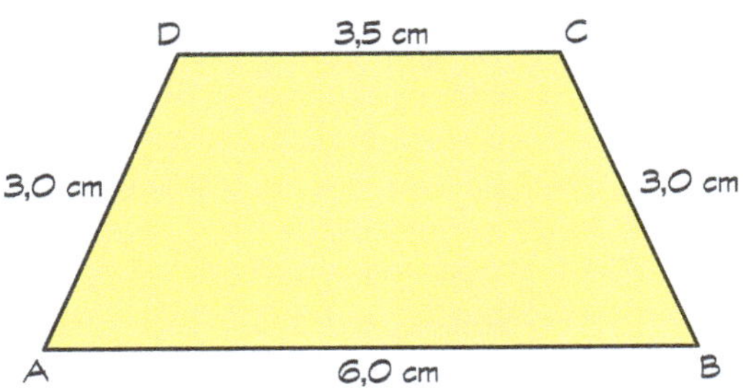

perímetro = 6,0 cm + 3,0 cm + 3,5 cm + 3,0 cm = 15,5 cm

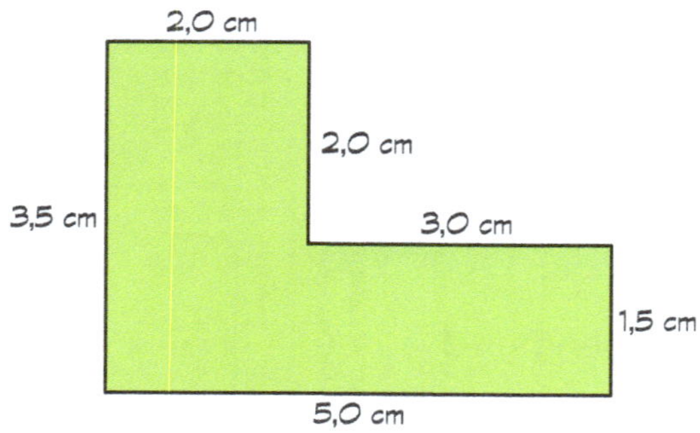

perímetro = 2,0 cm + 2,0 cm + 3,0 cm + 1,5 cm + 5,0 cm + 3,5 cm = 17,0 cm

▲■● ATIVIDADES ●■▲

1 Quais objetos têm forma de polígono?

PhotoDisc

Wagner Santos/kino.com.br

Alípio Zambão/kino.com.br

Ivânia Sant'Anna/kino.com.br

ADS

2 Quais figuras representam polígonos?

( )

( )

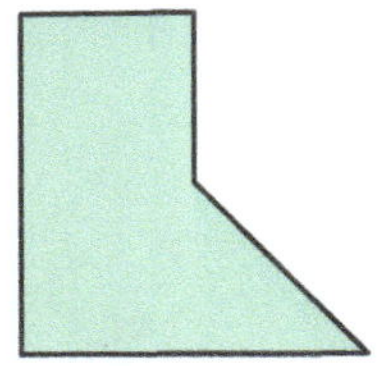
( )

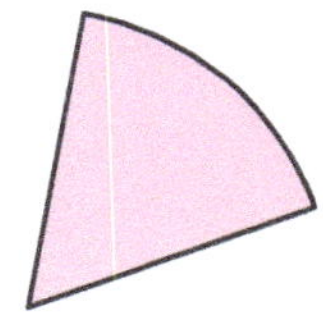
( )

3 Quais polígonos são convexos?

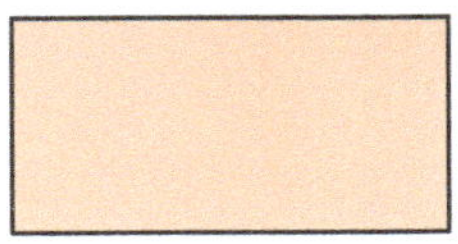
( )

( )

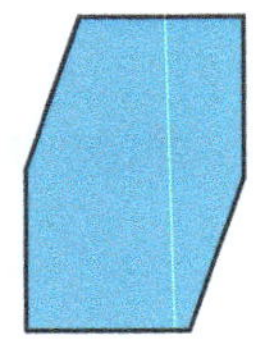
( )

4 Abaixo está representado o polígono ABC:

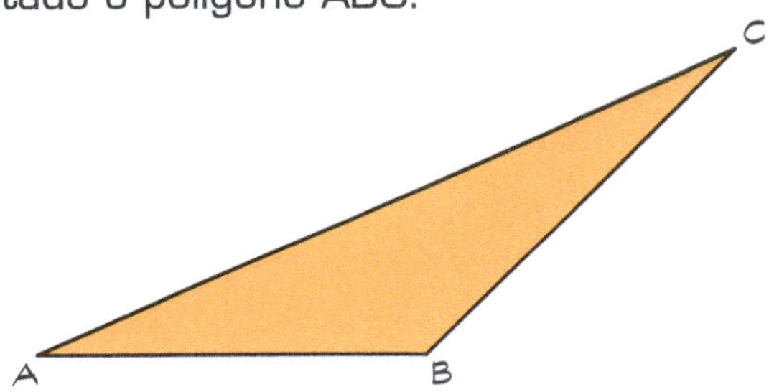

a) Quantos lados ele possui? Quais são eles? ____________________

b) Quantos vértices ele possui? Quais são eles? ____________________

c) Quais são seus ângulos internos? __________

d) Ele possui diagonal? ______________

5 Trace todas as diagonais dos seguintes polígonos:

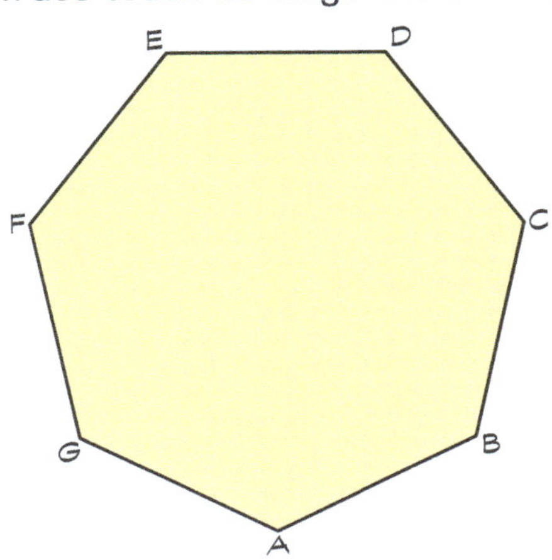

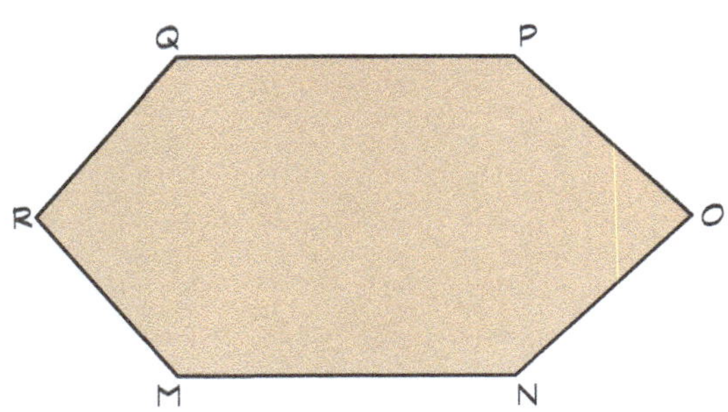

6 Classifique os polígonos de acordo com o número de lados:

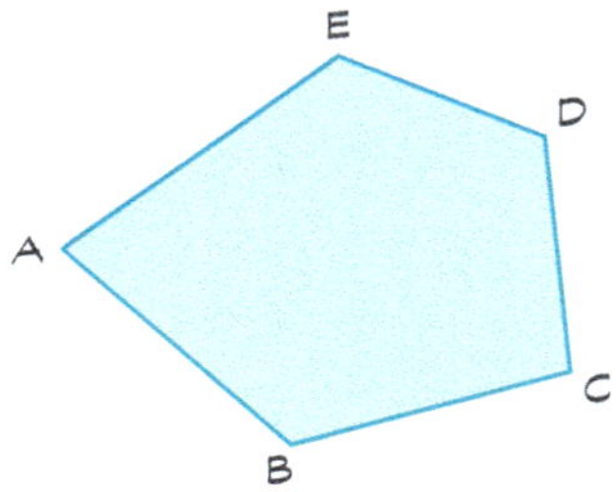

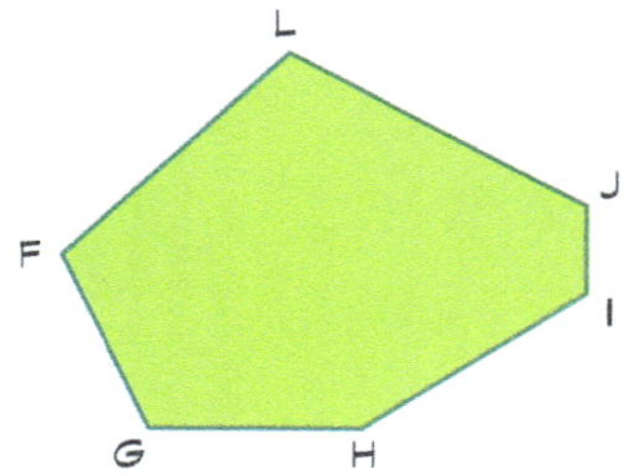

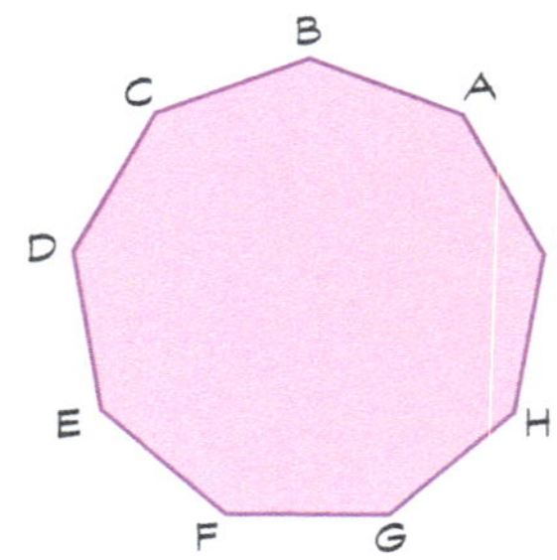

7 Quais polígonos são regulares?

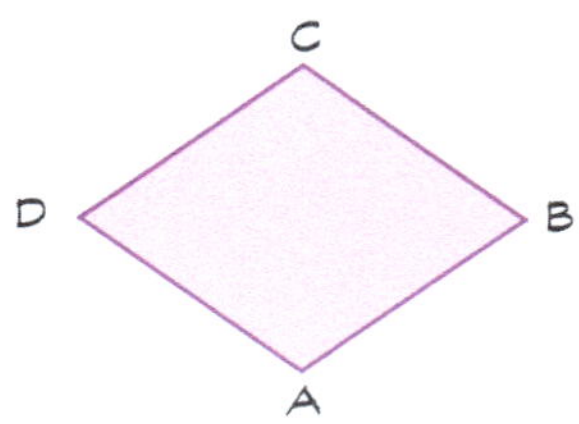

( )

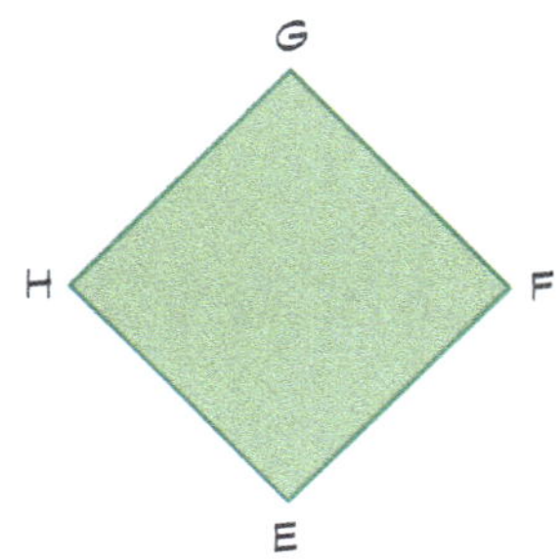

( )

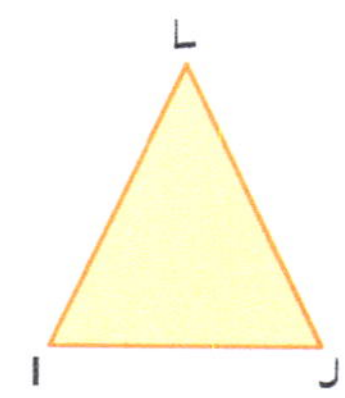

( )

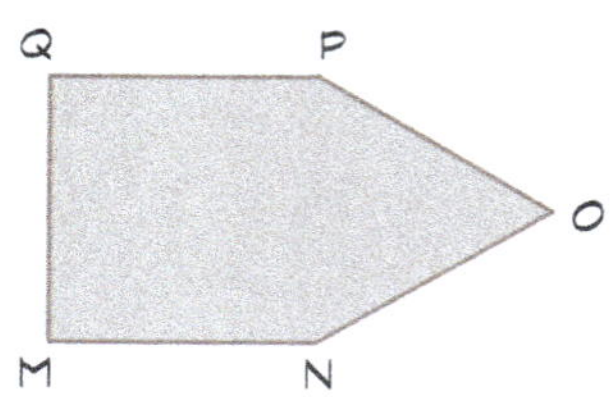

( )

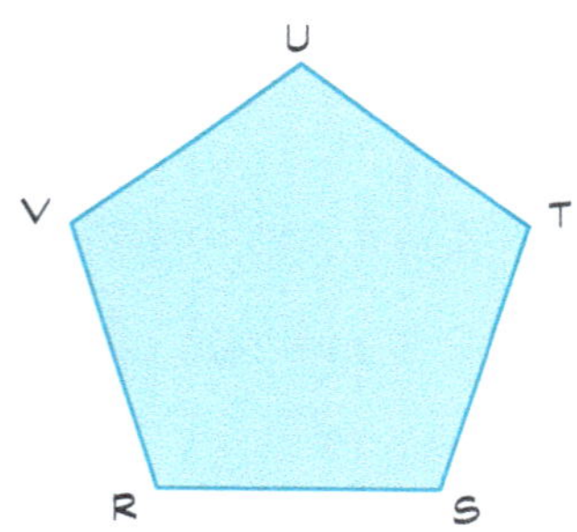

( )

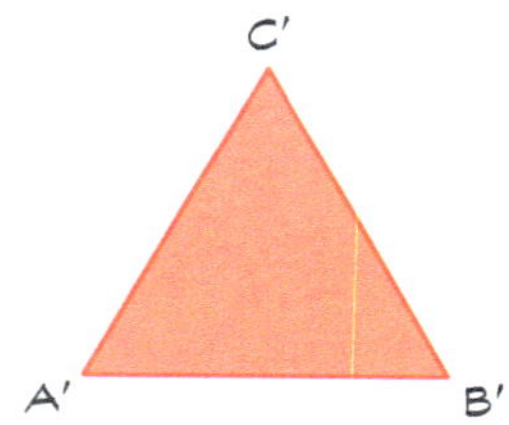

( )

8 Trace três das diagonais do hexágono abaixo, de modo que a figura fique dividida em seis triângulos regulares:

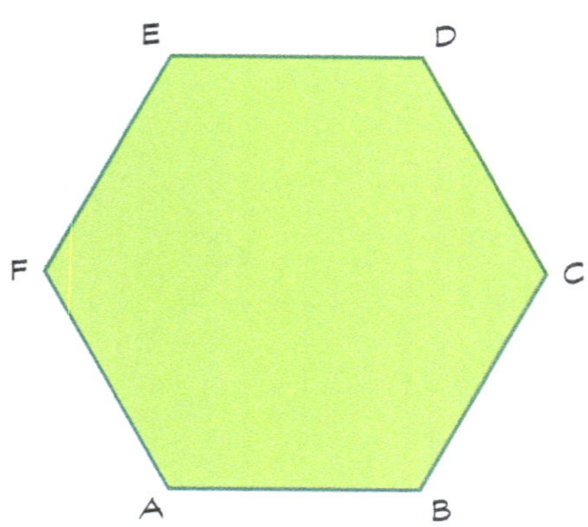

9 Determine, em centímetros, o perímetro dos seguintes polígonos:

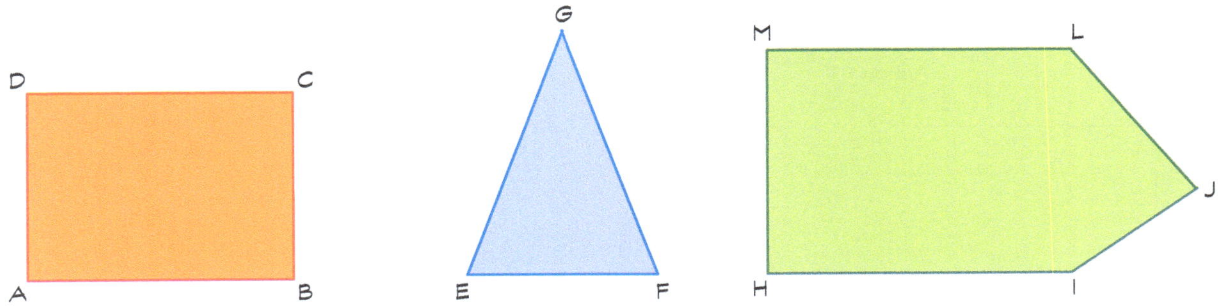

10 Determine, em milímetros, o perímetro dos polígonos regulares abaixo:

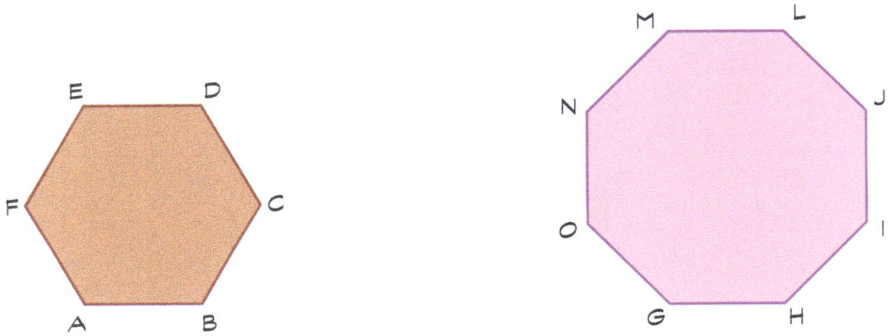

11 Nomeie cada um dos polígonos, determine a medida de seus lados e ângulos internos e calcule seu perímetro.

a)

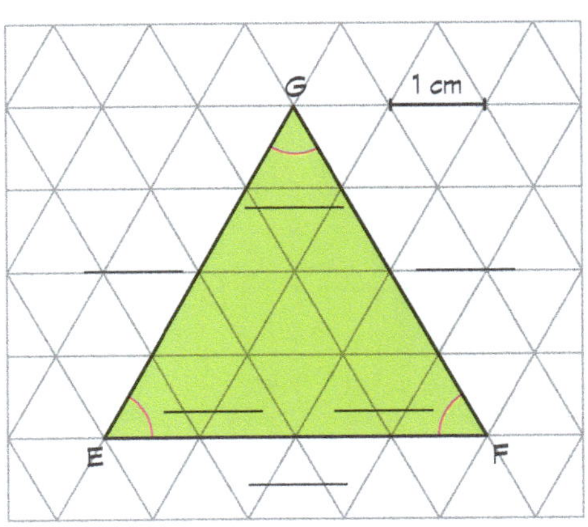

b)

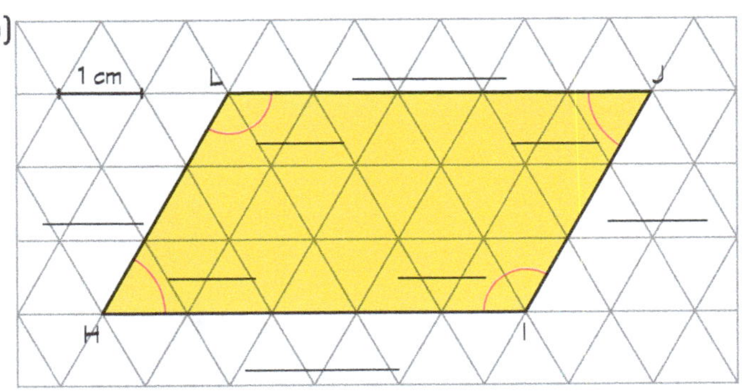

nome: ______________________ nome: ______________________

perímetro: ______________________ perímetro: ______________________

12 Construa, na malha de triângulos, o seguinte polígono, de acordo com o modelo:

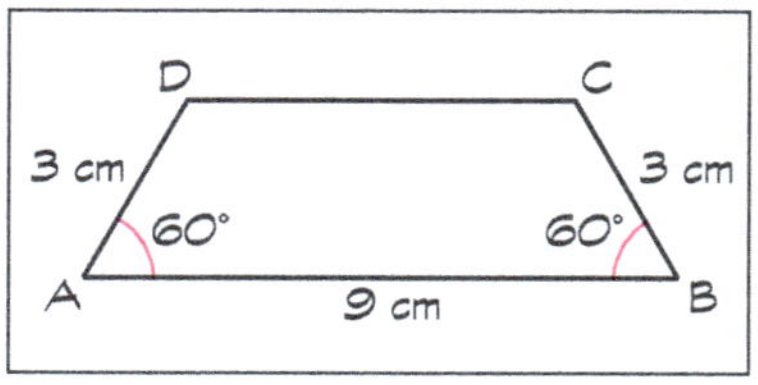

13 Na malha de triângulos, complete o traçado do hexágono regular ABCDEF:

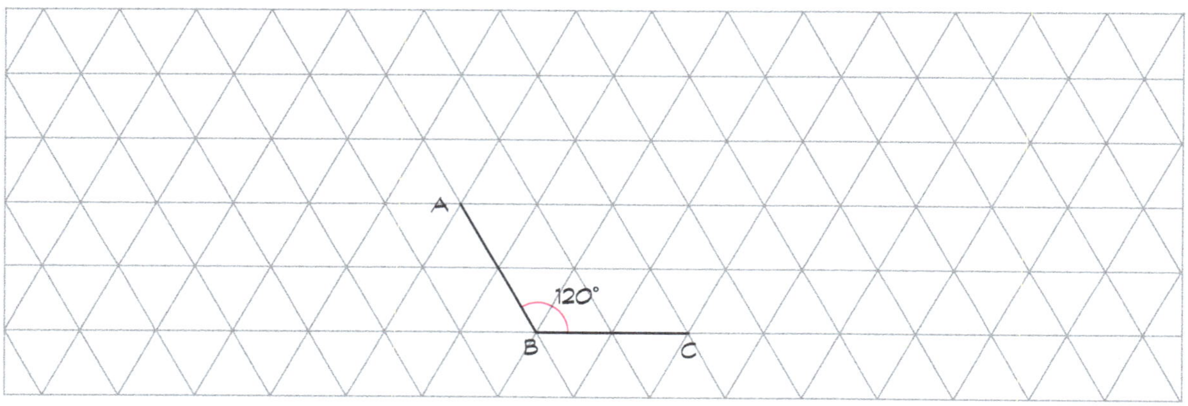

14 Nesta malha quadriculada, foram construídos alguns polígonos:

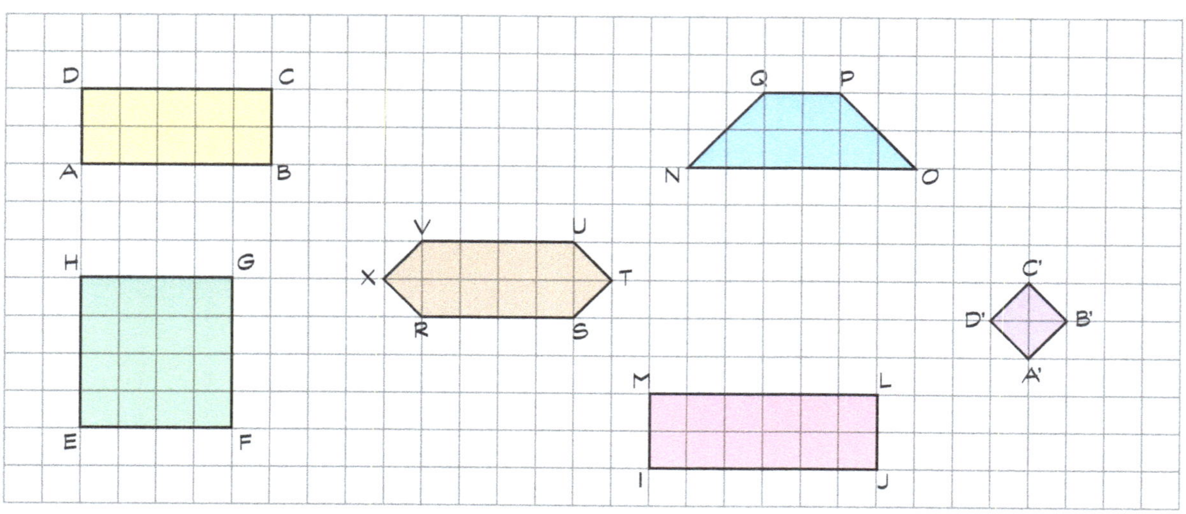

Sabendo que os quadrados da malha têm lados de 0,5 cm, classifique em verdadeira (V) ou falsa (F) cada uma das seguintes afirmações:

a) O perímetro do polígono ABCD é 7,0 cm. (   )

b) O polígono ABCD é regular. (   )

c) Os polígonos EFGH e IJLM têm perímetros iguais. (   )

d) Os polígonos NOPQ e RSTUVX têm perímetros diferentes. (   )

e) O polígono EFGH é regular. (   )

f) O polígono A'B'C'D' não é regular. (   )

g) Os ângulos do polígono A'B'C'D' não são congruentes. (   )

15 Observe os quadriláteros construídos na malha quadriculada com quadrados de lado igual a 1 cm:

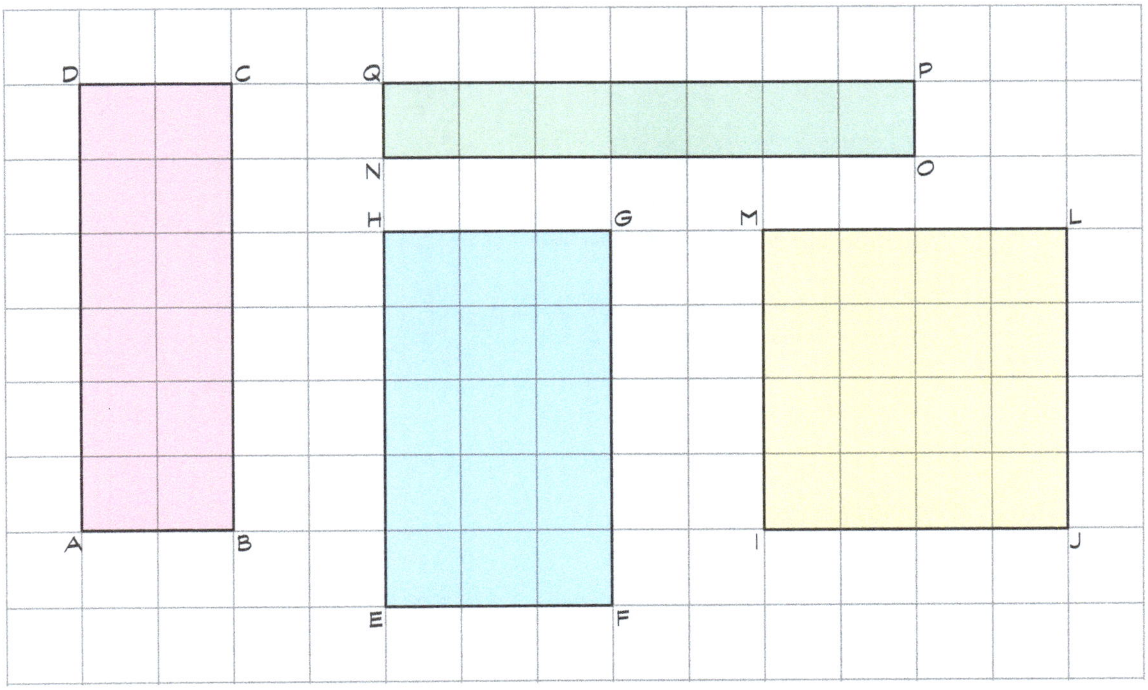

Responda:

a) Todos os quadriláteros têm o mesmo perímetro? ____________

b) A região interna de todos os quadriláteros tem a mesma quantidade de quadradinhos? ____________

c) Qual é o quadrilátero que tem menor região interna? ____________

d) Qual é o quadrilátero que tem maior região interna? ____________

e) Qual deles é um quadrilátero regular? ____________

Triângulos

Muitas formas geométricas presentes no cotidiano nos dão a ideia de triângulos, como as que aparecem em estruturas de telhados, pontes, torres e outras construções.

Léo Burgos

estrutura de telhado

Motaury/kino.com.br

Estrutura da Ponte Hercílio Luz, Florianópolis (SC).

Germano Luders/Editora Abril

torre de celular

Triângulo é um polígono de três lados.

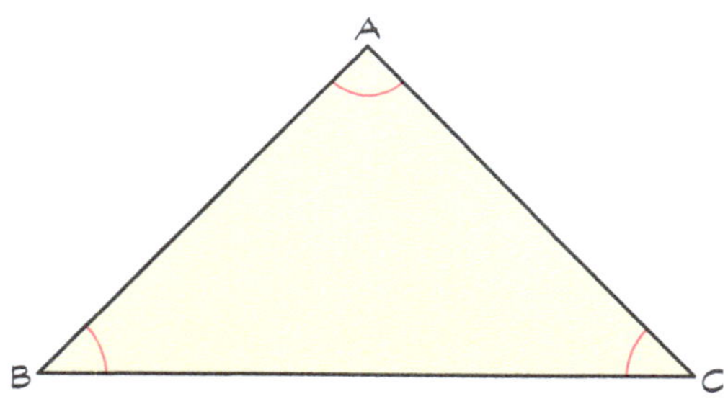

O triângulo acima tem os seguintes elementos:

- vértices: A, B e C
- lados: $\overline{AB}$, $\overline{BC}$ e $\overline{AC}$
- ângulos internos: $\hat{A}$, $\hat{B}$ e $\hat{C}$

Classificação dos triângulos

Os triângulos são classificados de acordo com a medida de seus lados e de seus ângulos internos.

classificação quanto aos lados	classificação quanto aos ângulos
• triângulo **equilátero**: tem três lados de medidas iguais 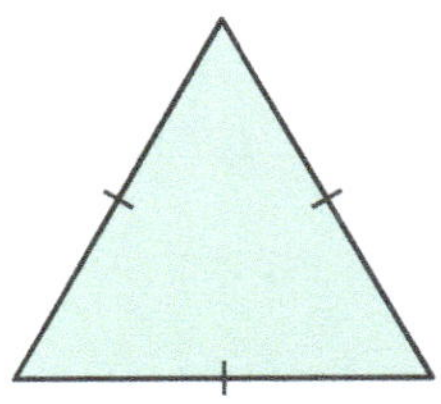	• triângulo **retângulo**: tem um ângulo reto 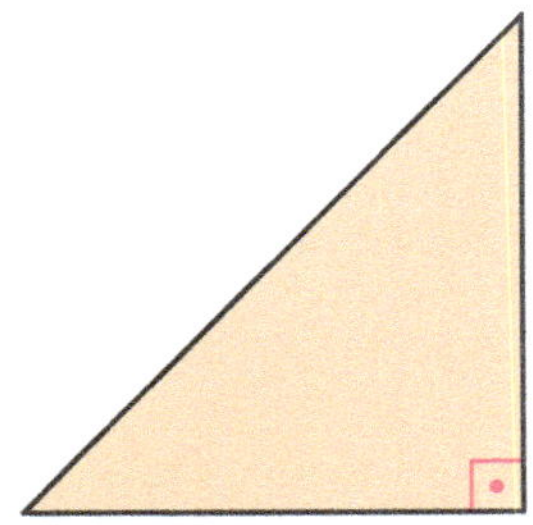
• triângulo **isósceles**: tem dois lados de medidas iguais 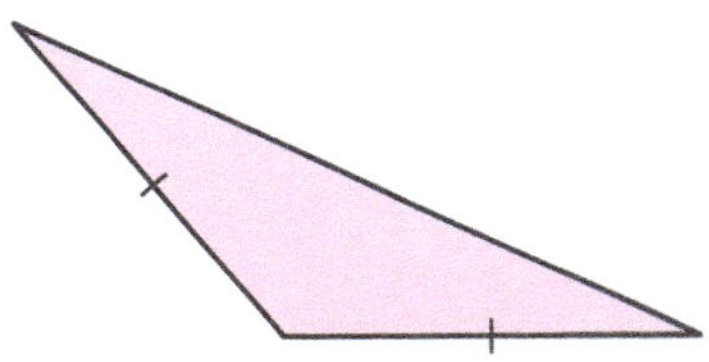	• triângulo **obtusângulo**: tem um ângulo obtuso 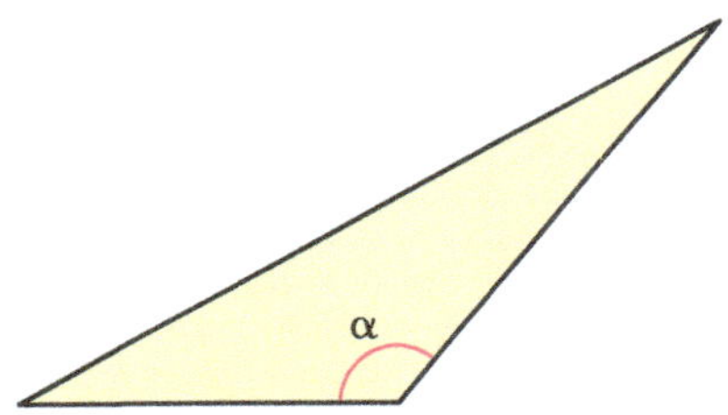 $\alpha > 90°$
• triângulo **escaleno**: tem três lados de medidas diferentes 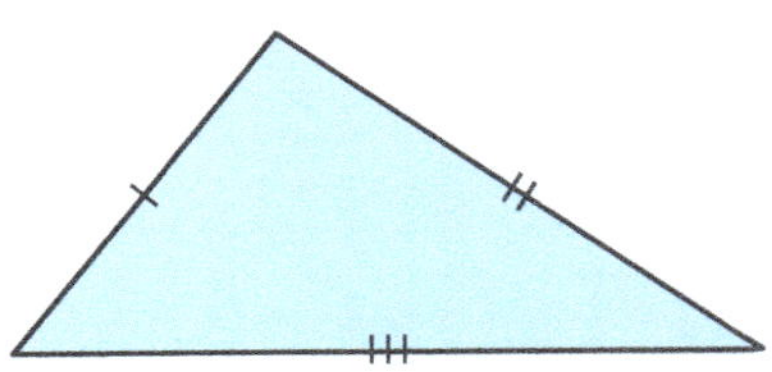	• triângulo **acutângulo**: tem três ângulos agudos 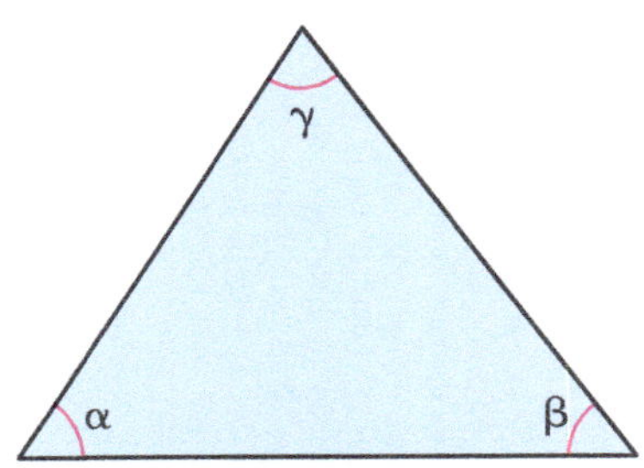 $\alpha < 90°$, $\beta < 90°$ e $\gamma < 90°$

▲ ■ ● ATIVIDADES ● ■ ▲

16 O que é triângulo?

____

17 Associe corretamente:

(1) triângulo equilátero — (   ) tem um ângulo reto

(2) triângulo isósceles — (   ) tem três lados de medidas diferentes

(3) triângulo escaleno — (   ) tem um ângulo obtuso

(4) triângulo acutângulo — (   ) tem três lados de medidas iguais

(5) triângulo retângulo — (   ) tem dois lados de medidas iguais

(6) triângulo obtusângulo — (   ) tem três ângulos agudos

18 Classifique os seguintes triângulos quanto aos lados:

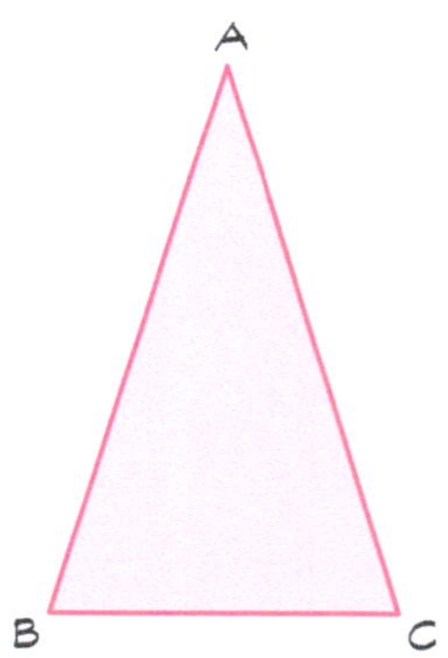

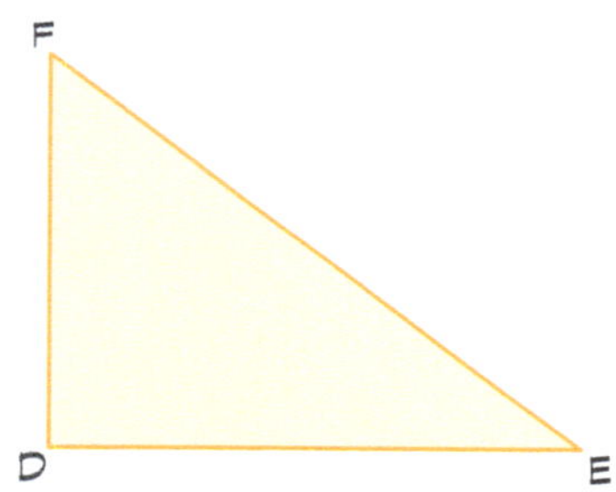

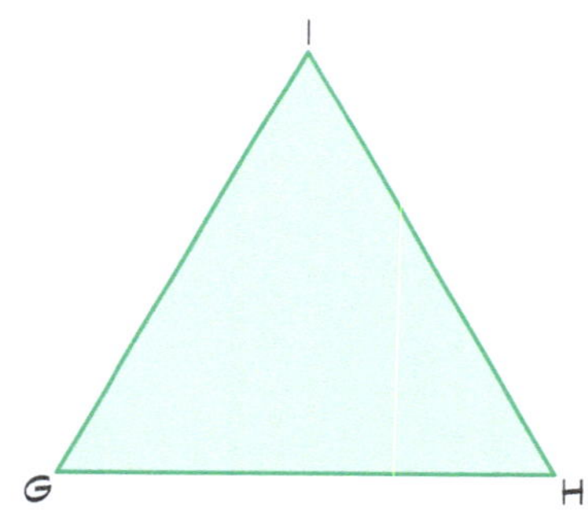

______________ ______________ ______________

19 Classifique os seguintes triângulos quanto aos ângulos:

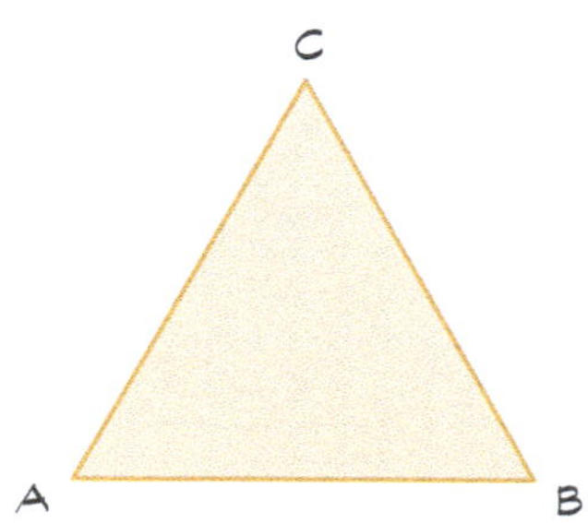

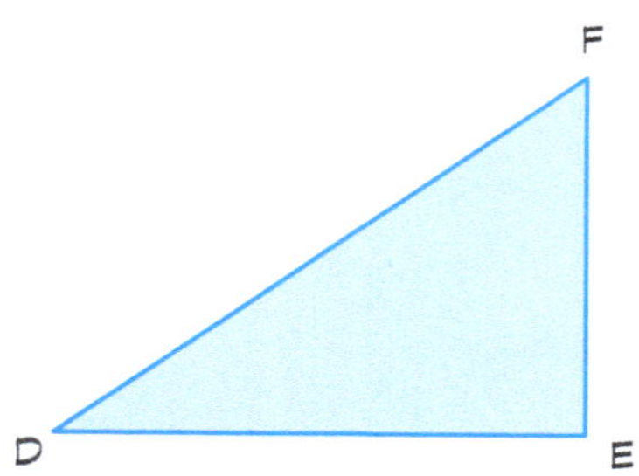

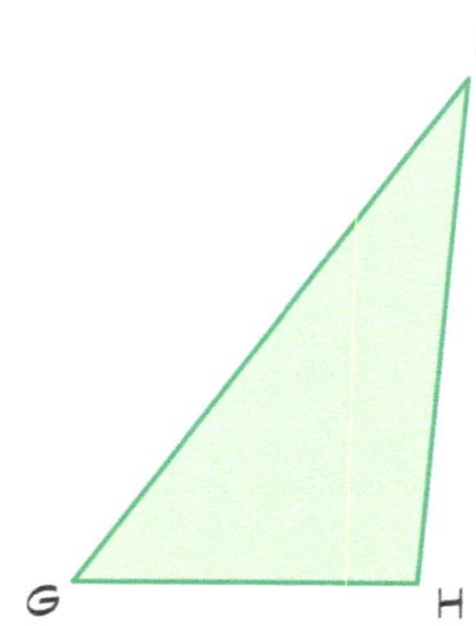

______________ ______________ ______________

20 O motorista que trafega pela Rua das Flores quer cruzar a Avenida Jardim e vê a placa de sinalização em destaque.

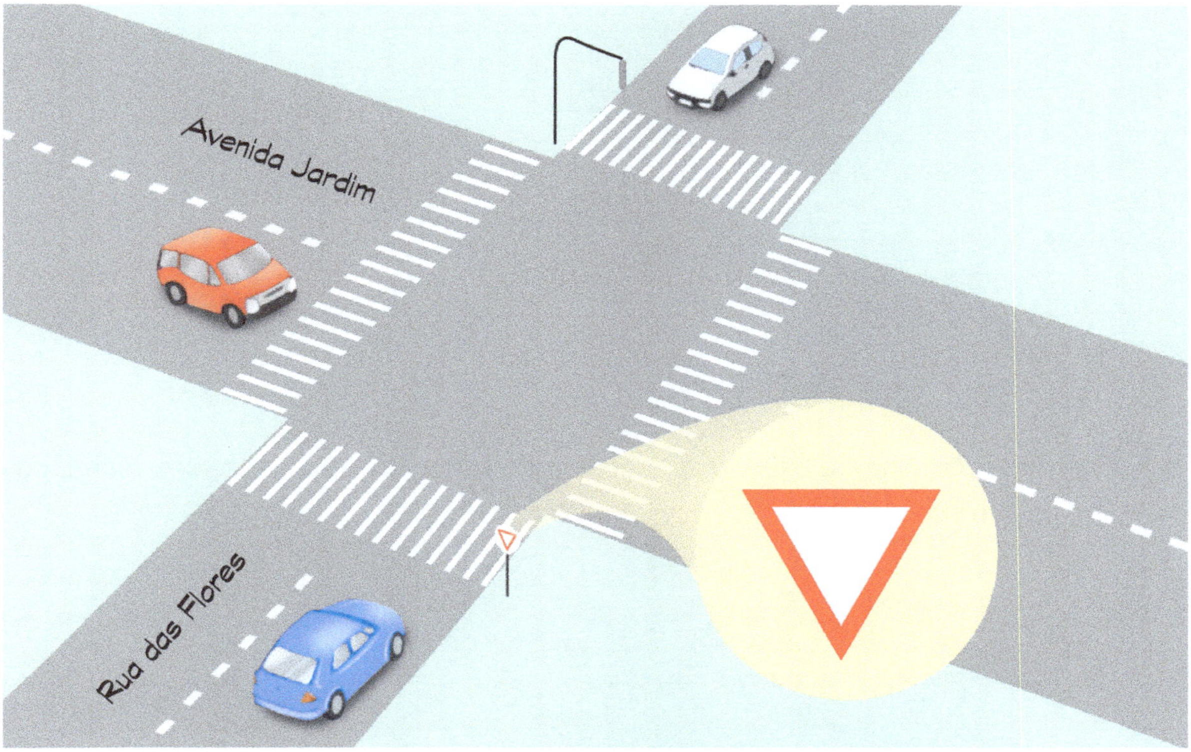

A placa informa que ele deve dar preferência de passagem ao veículo que trafega pela Avenida Jardim.

a) Essa placa tem a forma de um triângulo. Classifique o triângulo quanto aos lados e aos ângulos. ____________________

b) A Rua das Flores e a Avenida Jardim são perpendiculares? ____________

21 Responda:

a) Qual é o perímetro de um triângulo equilátero de lado igual a 4 cm? ____________

b) Se o perímetro do triângulo ABC representado abaixo é 120 mm, quanto mede o lado $\overline{AB}$? Determine-o, sem utilizar instrumentos de medida.

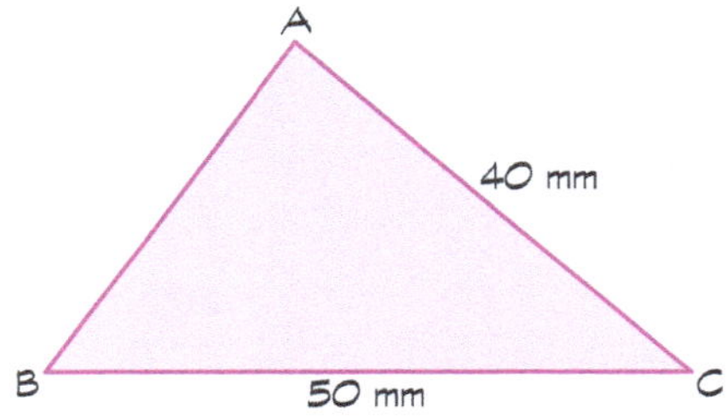

____

22 Nesta malha, os quadrados têm lados iguais a 1 cm. Construa o triângulo ABC, retângulo em B, sabendo que BC = 3 cm.

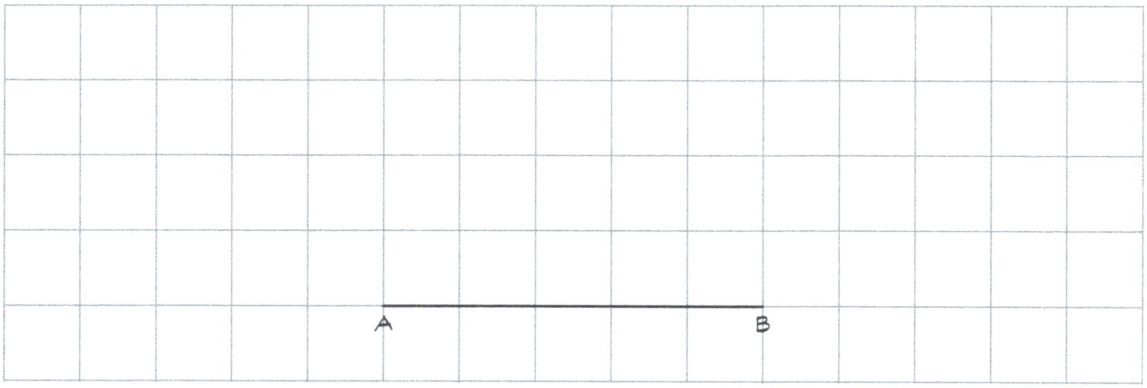

23 Utilizando a malha de triângulos, construa o triângulo ABC, isósceles, sabendo que o ângulo Â mede 120°:

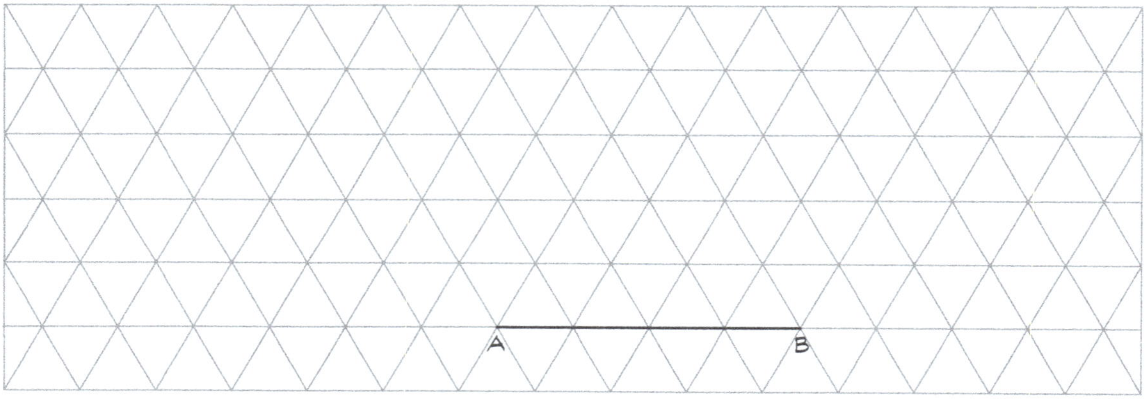

Quadriláteros

Muitas obras de arte e artesanato têm como motivo a forma de quadriláteros.

mosaico

obra de arte

Superposição de retângulos, de Arcangelo Ianelli, 1982. Óleo sobre tela, 187 cm × 129,8 cm. Museu de Arte Moderna (MAM), São Paulo (SP).

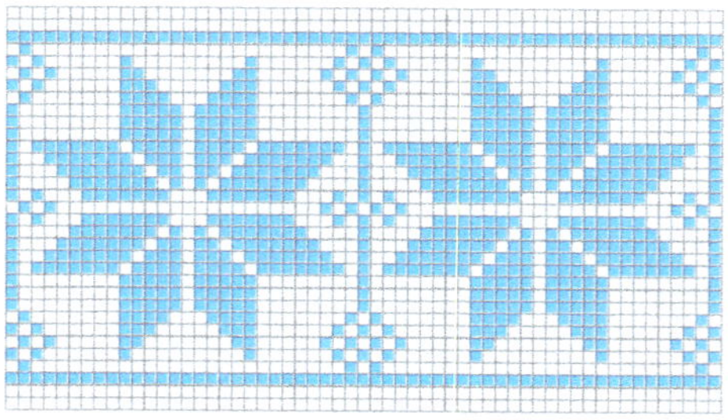

faixa decorativa

Quadrilátero é um polígono de quatro lados.

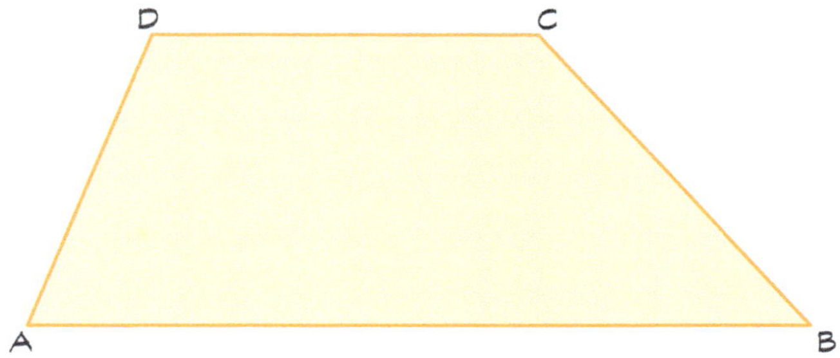

Os elementos do quadrilátero acima são:

- vértices: A, B, C e D
- lados: $\overline{AB}$, $\overline{BC}$, $\overline{CD}$ e $\overline{AD}$
- ângulos internos: $\hat{A}$, $\hat{B}$, $\hat{C}$ e $\hat{D}$

Vale destacar:

- o lado $\overline{AB}$ é oposto ao lado $\overline{CD}$, assim como o lado $\overline{BC}$ é oposto ao lado $\overline{AD}$;
- o ângulo $\hat{A}$ é oposto ao ângulo $\hat{C}$, assim como o ângulo $\hat{B}$ é oposto ao ângulo $\hat{D}$.

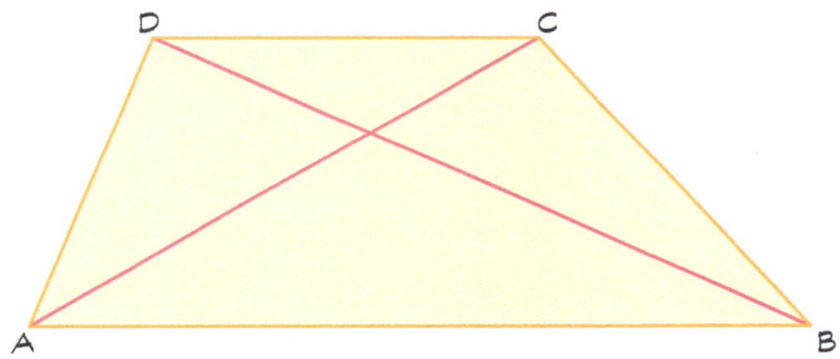

Outro elemento do quadrilátero é a diagonal. As diagonais do quadrilátero acima são $\overline{AC}$ e $\overline{BD}$.

Paralelogramos

Paralelogramo é todo quadrilátero que possui os lados opostos paralelos.

$\overline{AB} // \overline{CD}$ e $\overline{BC} // \overline{AD}$

Em todo paralelogramo:

• os lados opostos são congruentes 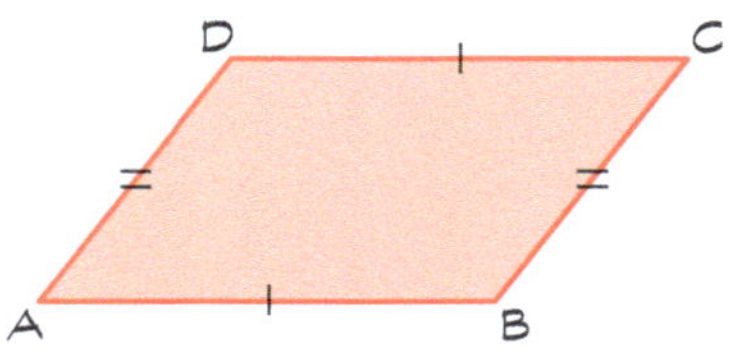 **AB = CD** **BC = AD**	• os ângulos opostos são congruentes 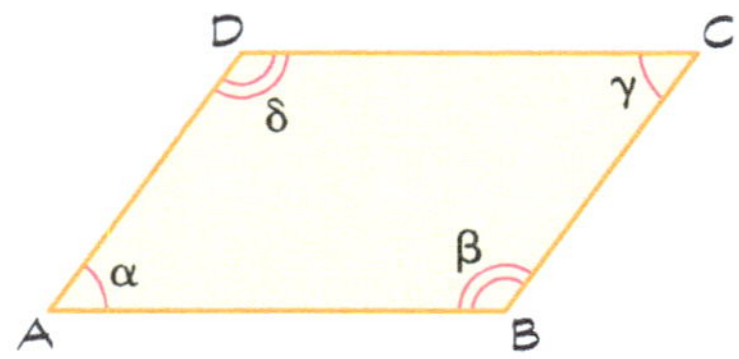 $\alpha = \gamma$ $\beta = \delta$	• as diagonais interceptam-se no ponto médio 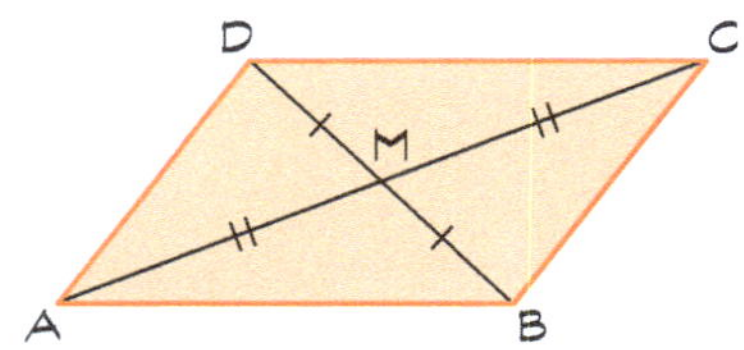 **AM = MC** **BM = MD**

Vamos destacar alguns paralelogramos.

retângulo	losango	quadrado
• Paralelogramo que possui quatro ângulos retos. 	• Paralelogramo que possui quatro lados congruentes. 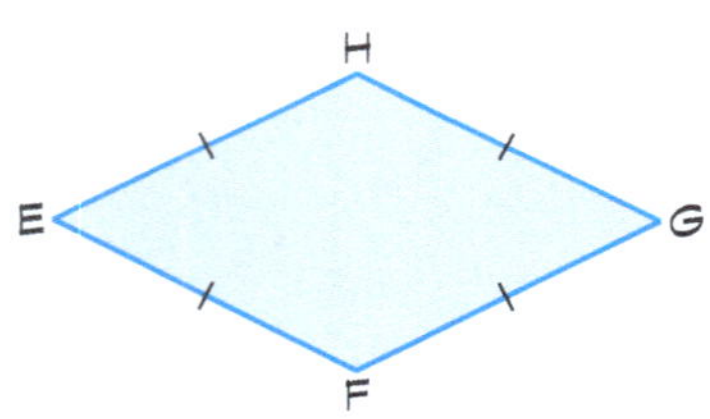	• Paralelogramo que possui quatro ângulos retos e quatro lados congruentes. 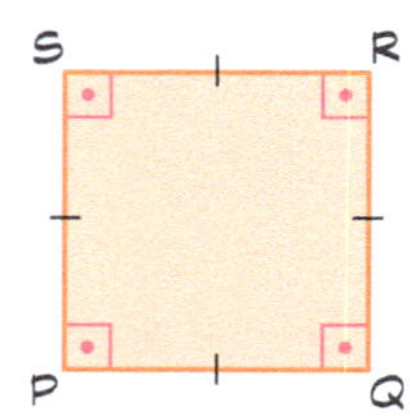
Suas diagonais são congruentes. 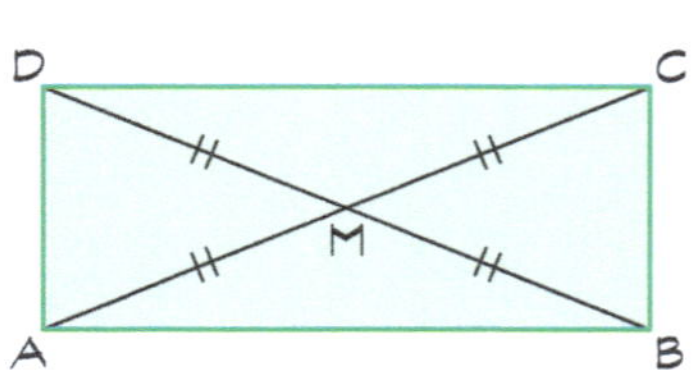 **AC = BD**	Suas diagonais são perpendiculares. 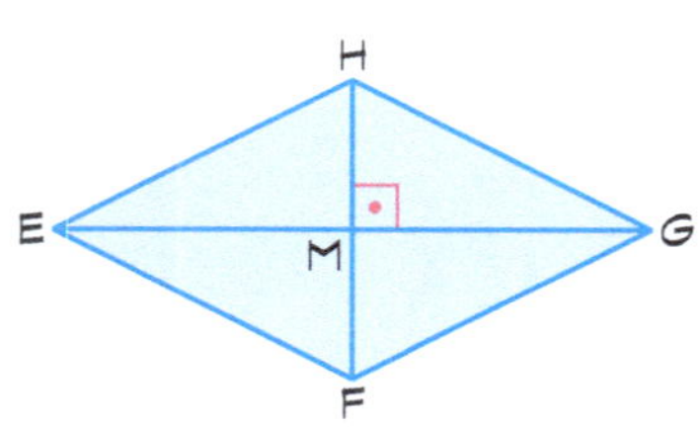 $\overline{EG} \perp \overline{FH}$	Suas diagonais são congruentes e perpendiculares. 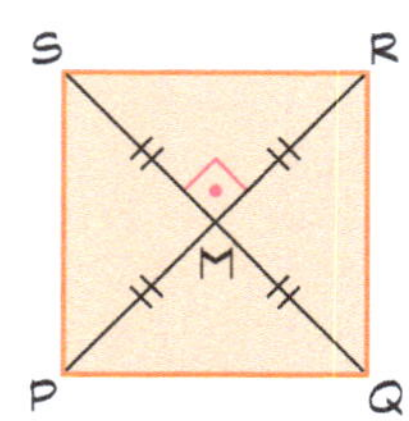 **PR = SQ** $\overline{PR} \perp \overline{SQ}$

Trapézios

Trapézio é todo quadrilátero que possui apenas dois lados paralelos.

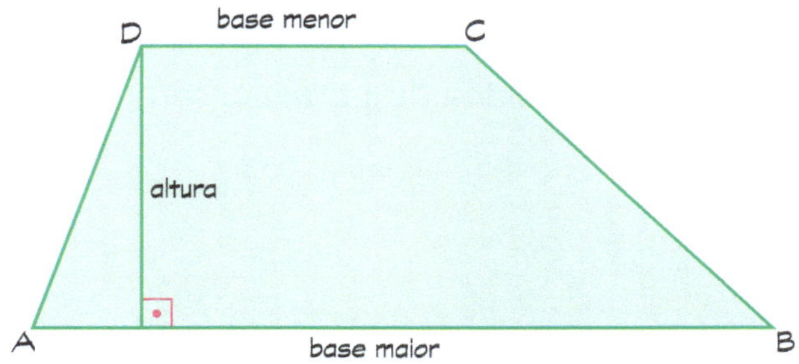

Os lados paralelos são as **bases** do trapézio.
A **altura** é a distância entre as bases.
A seguir, temos a classificação dos trapézios.

trapézio escaleno	trapézio isósceles	trapézio retângulo
• tem lados não paralelos com medidas diferentes	• tem lados não paralelos congruentes	• tem dois ângulos retos
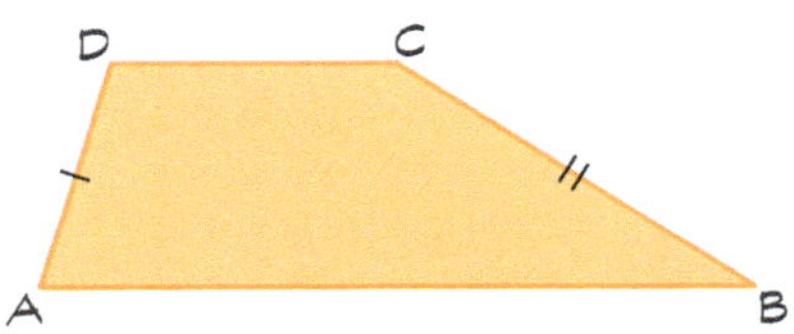	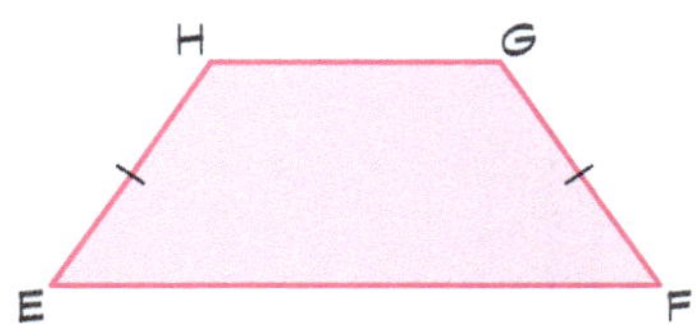	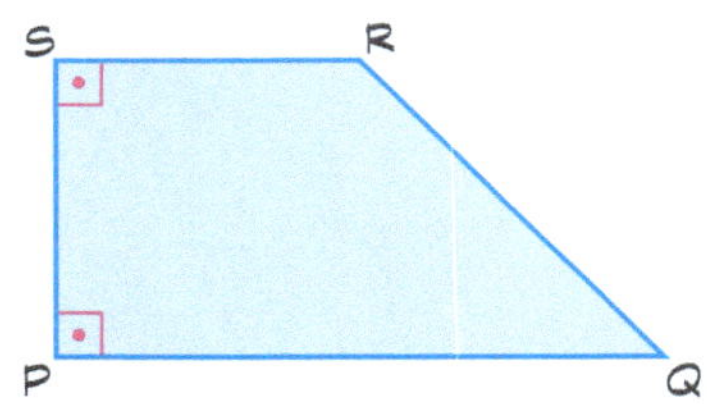
AD ≠ BC	**EH = FG**	**med($\hat{P}$) = med($\hat{S}$) = 90°**
	Em um trapézio isósceles, os pares de ângulo das bases também são congruentes. $\hat{E} \equiv \hat{F}$ $\hat{H} \equiv \hat{G}$	

ATIVIDADES

24 O que é um quadrilátero?

____

25 Quantas diagonais possui um quadrilátero? ____________________

26 O que é um paralelogramo?

____

____

27 Determine as medidas desconhecidas do paralelogramo:

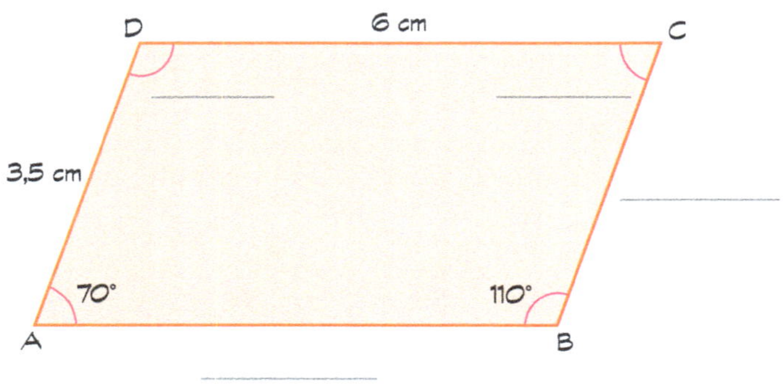

28 Utilizando o par de esquadros, construa o paralelogramo EFGH:

29 Classifique os seguintes paralelogramos em (1) retângulo, (2) losango e (3) quadrado:

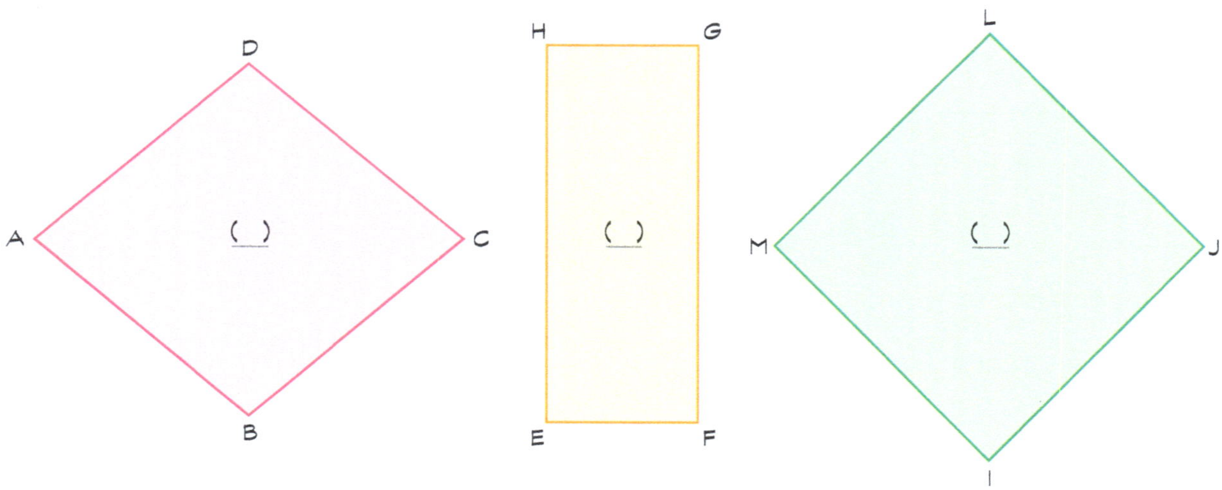

30 Assinale as afirmações verdadeiras:

( ) Os lados opostos de um paralelogramo são congruentes.
( ) O losango possui todos os ângulos retos.
( ) O retângulo é um paralelogramo que possui quatro ângulos retos.
( ) O quadrado possui quatro ângulos retos.
( ) O losango é um polígono regular.
( ) Todo losango é quadrado.
( ) Todo quadrado é losango.
( ) O quadrado é um polígono regular.
( ) Não existe retângulo que seja losango.
( ) Os ângulos opostos de um losango são congruentes.
( ) As diagonais de qualquer losango são congruentes.

31 Determine as medidas desconhecidas do retângulo:

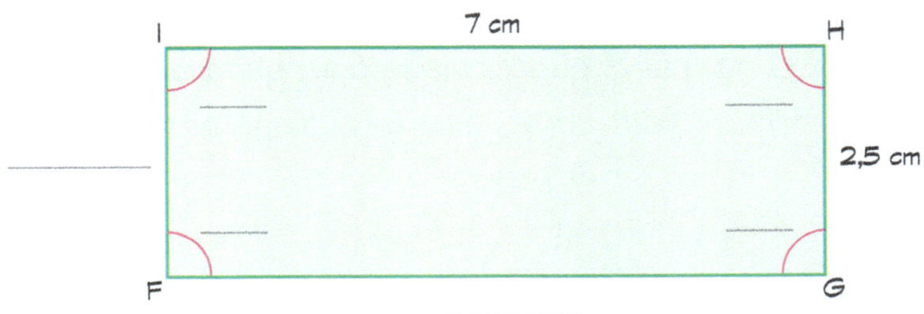

32 Qual é o perímetro de um retângulo de lados 4 cm e 6 cm? Registre a expressão matemática que fornece o resultado.

33 Determine as medidas desconhecidas do losango:

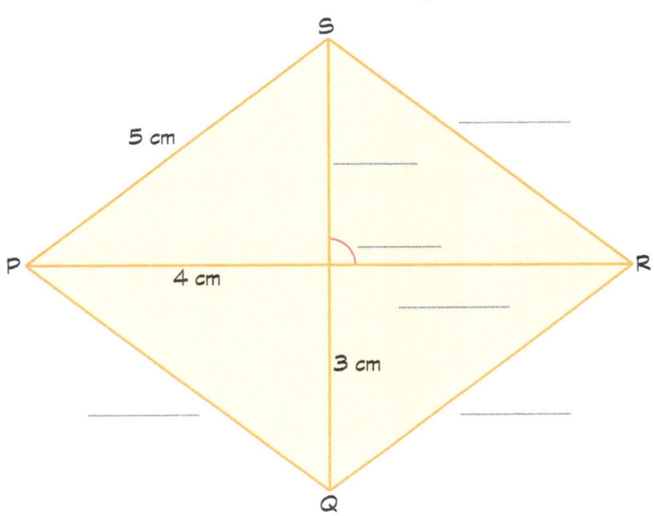

34 O perímetro de um losango é 24 cm. Quanto mede seu lado? Justifique sua resposta.

35 Construa um losango FGHI na malha de triângulos, sabendo que o ângulo $\hat{F}$ mede 60°:

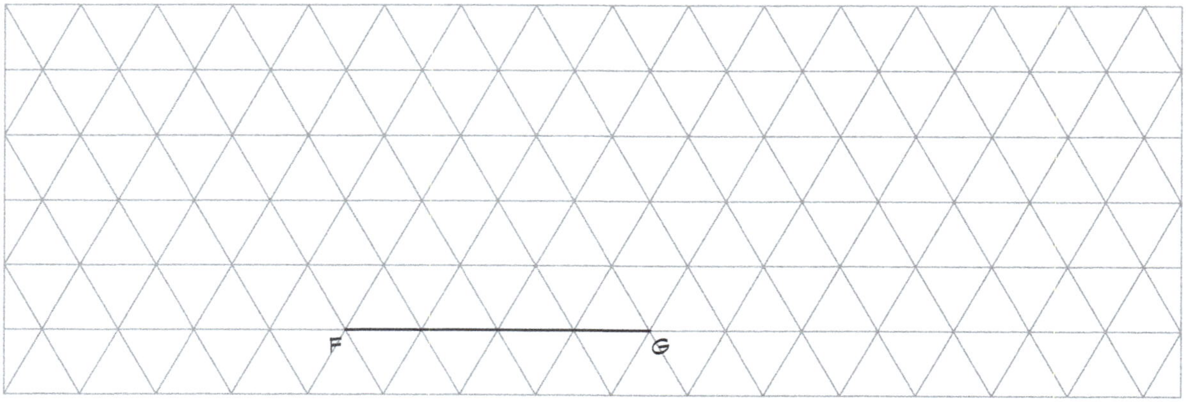

36 Construa o losango ABCD na malha quadriculada com quadrados de lado iguais a 1 cm, sabendo que a diagonal $\overline{BD}$ mede 4 cm e $\overline{AC}$ é uma diagonal do losango:

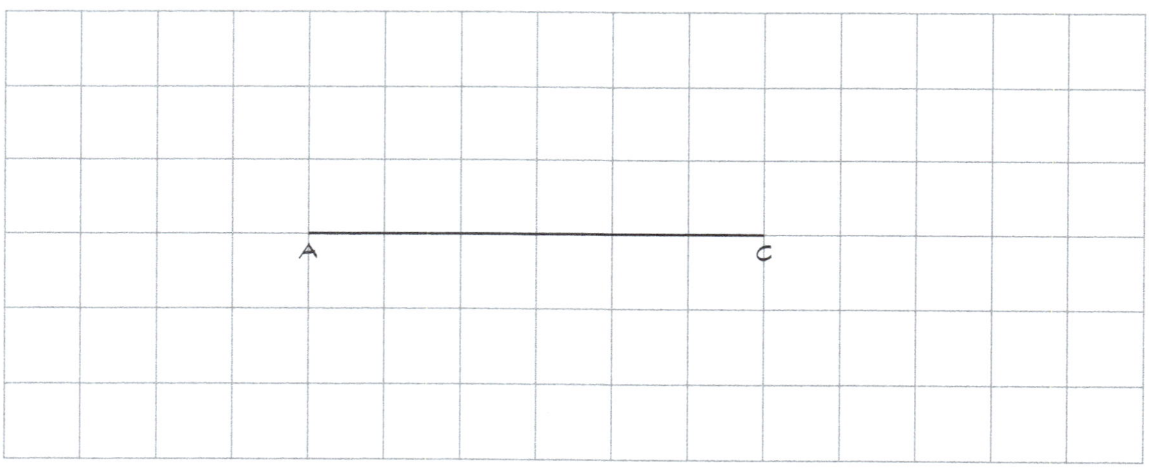

37 Determine as medidas desconhecidas do quadrado:

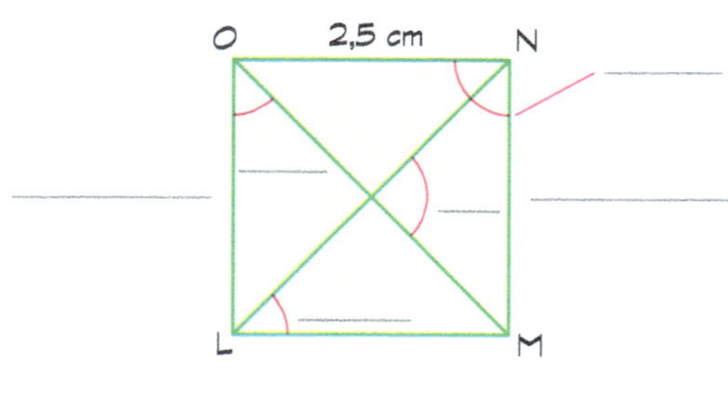

38 O perímetro do quadrado ABCD é 16 cm. Construa-o na malha quadriculada, sabendo que os quadrados da malha têm lados iguais a 1 cm.

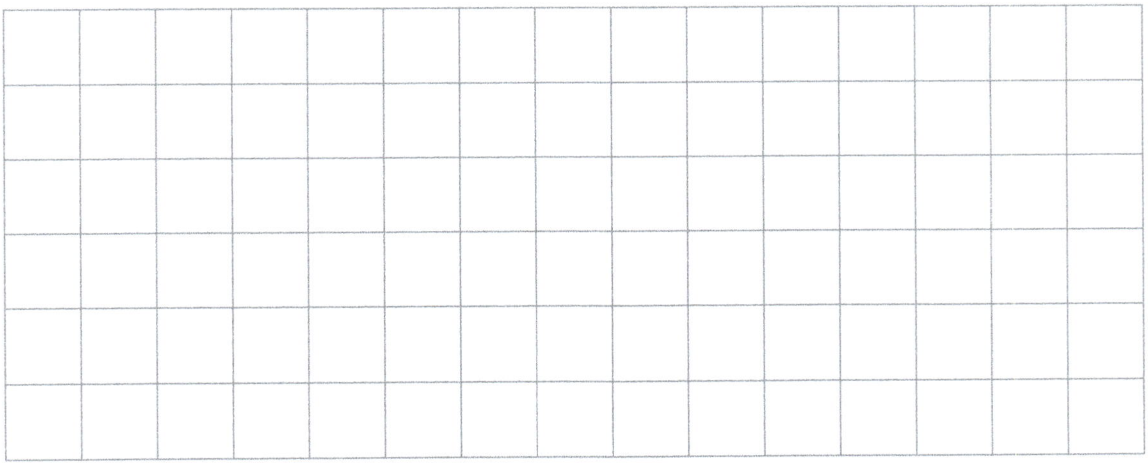

39 Dados os vértices A e B de um paralelogramo e o ponto M, interseção de suas diagonais, construa o paralelogramo ABCD:

40 Construa o retângulo ABCD sabendo que ele tem o mesmo perímetro do quadrado PQRS:

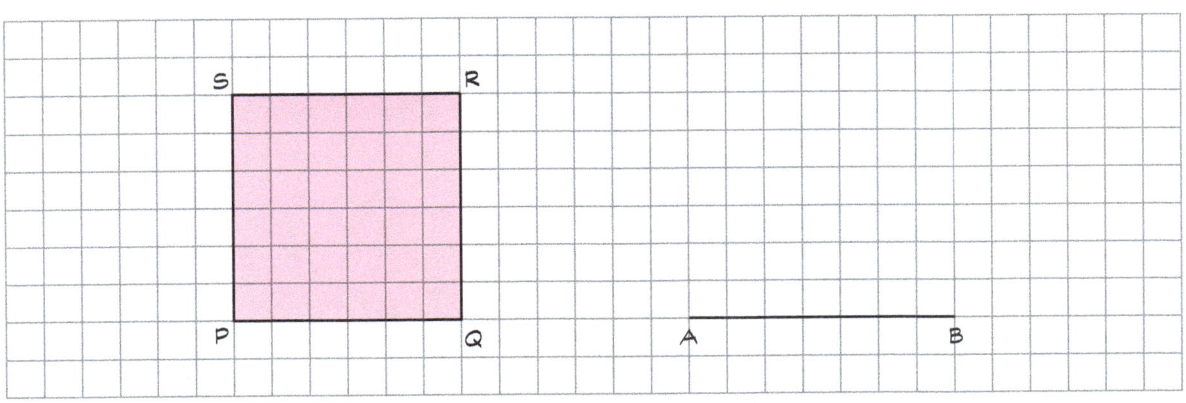

Qual dos polígonos tem maior região interna? ______________________.

41 Resolva o diagrama e descubra qual é o polígono em destaque:

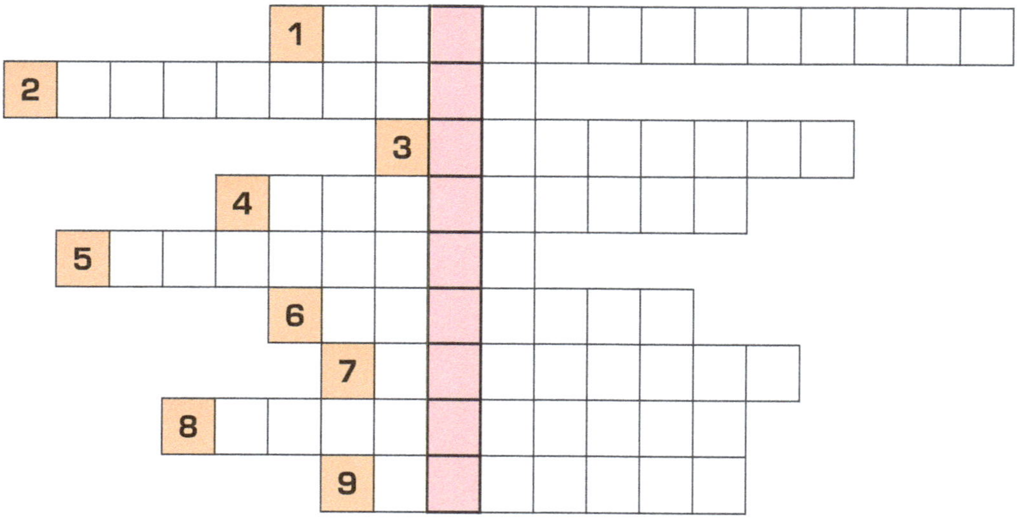

1 Quadrilátero que possui os lados opostos paralelos.

2 Trapézio que possui os lados não paralelos congruentes.

3 Quadrilátero que possui apenas dois lados paralelos.

4 Polígono que não possui diagonais.

5 Trapézio cujos lados não paralelos têm medidas diferentes.

6 Polígono que possui todos os lados e ângulos internos de mesma medida.

7 Quadrilátero regular.

8 Triângulo regular.

9 Quadrilátero que possui os quatro lados congruentes.

Agora que você descobriu qual é o polígono, escreva três de suas características:

____

____

42 Assinale o trapézio isósceles:

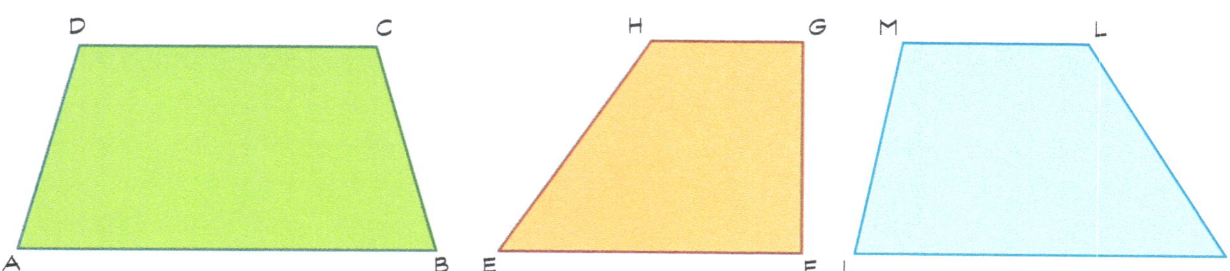

( ) ( ) ( )

43 Quando um trapézio é retângulo?

---

44 Assinale o trapézio retângulo:

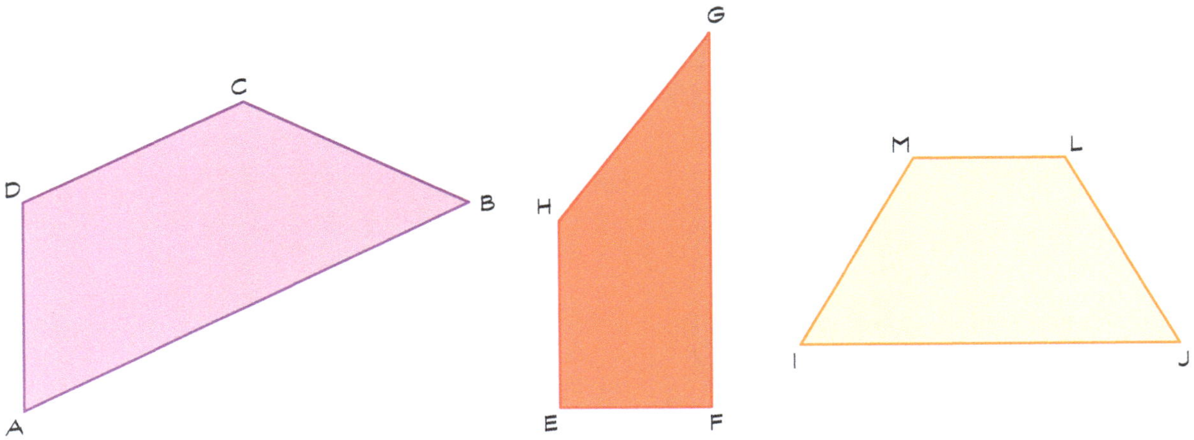

( ) ( ) ( )

45 Usando o par de esquadros e o transferidor, construa o trapézio ABCD sabendo que o ângulo $\hat{B}$ mede 60°:

46 Usando o par de esquadros, construa o trapézio ABCD, retângulo em A, sabendo que AD = 4 cm e CD = 3 cm:

ALGO A MAIS

Stomachion

Reviel Netz, historiador de Matemática da Universidade de Stanford (Estados Unidos), ao investigar velhos pergaminhos e manuscritos, encontrou um trabalho de Arquimedes, grande sábio da Grécia antiga, sobre o Stomachion.

Stomachion

Trata-se de um quebra-cabeça composto por um quadrado dividido em 14 polígonos. O grande desafio é montar o quadrado após embaralhar suas peças.

Analisando os manuscritos de Arquimedes, pesquisadores concluíram que ele estava tentando descobrir de quantas maneiras diferentes o Stomachion poderia ser resolvido.

Netz propôs esse problema a quatro matemáticos, que levaram seis semanas para concluir que o Stomachion possui 17 152 soluções diferentes!

Não se sabe até hoje se Arquimedes conseguiu chegar à resposta correta desse problema.

EURECA (especial Galileu). São Paulo: Globo, n. 2.
JORNAL DA CIÊNCIA. Disponível em: <www.jornaldaciencia.org.br/Detalhe.jsp?id=15162>. Acesso em: 3 set. 2006.

8. Circunferência e círculo

Fernanda confeccionou uma toalha de mesa. Fez tudo: escolheu a forma adequada para sua mesa, cortou o tecido e criou sua estampa.

Para não cometer erros, antes de cortar, riscou o tecido. Para isso, usou um barbante com uma caneta na ponta.

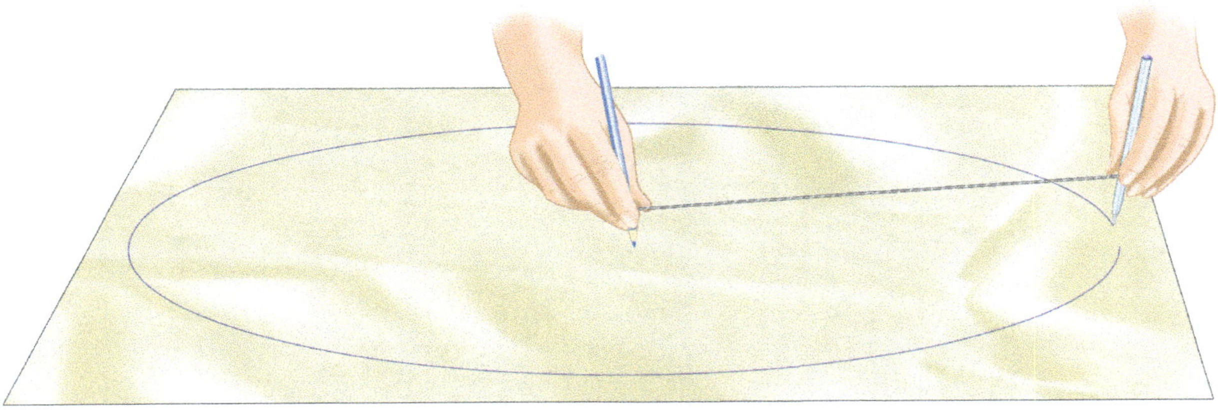

Em seguida, recortou o tecido.

Antes de pintar os motivos, Fernanda determinou a localização de cada um deles dobrando o tecido em quatro partes.

Rob

toalha recortada,

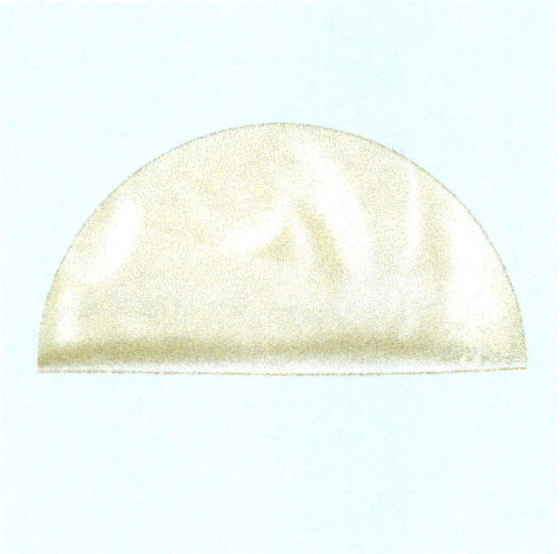

dobrada ao meio

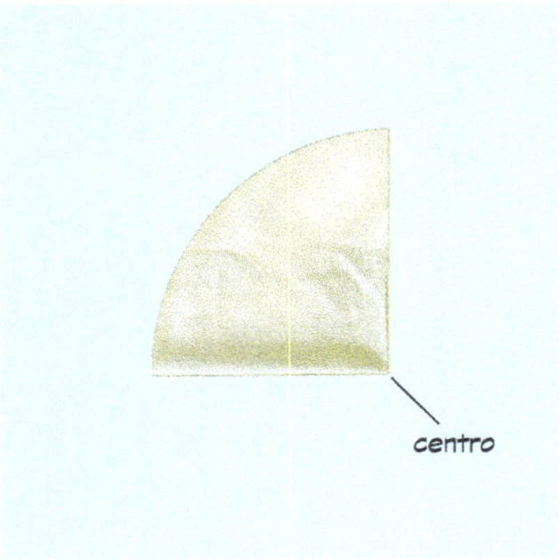

e depois em quatro partes.

Ao executar esses passos, ela utilizou conceitos geométricos de circunferência, círculo, diâmetro, raio e centro.

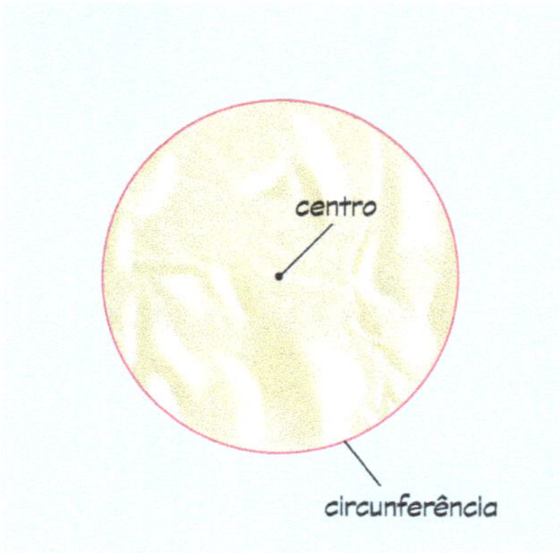

circunferência

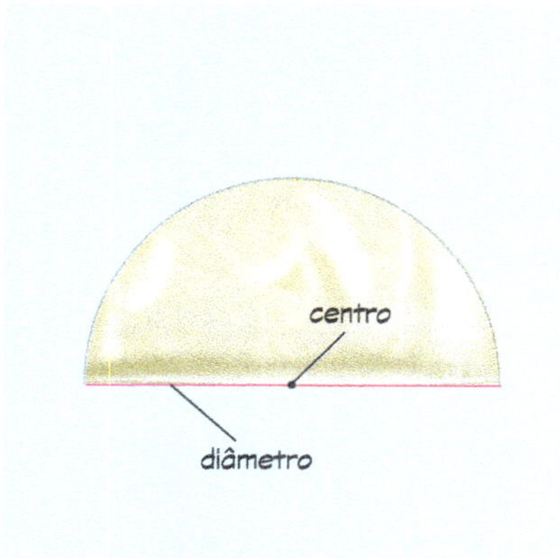

diâmetro

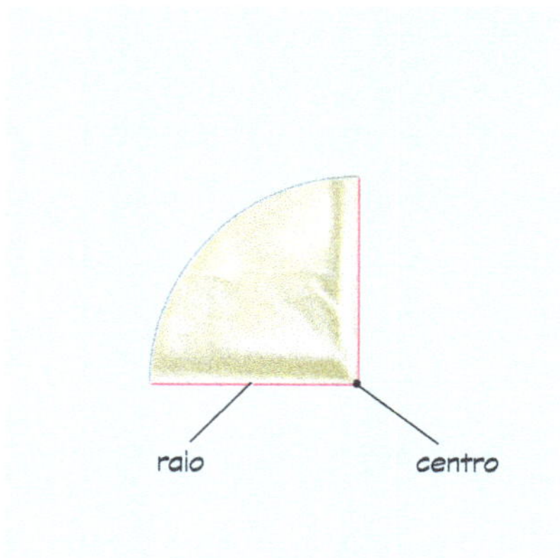

raio

A linha que Fernanda traçou ao contornar a toalha é uma circunferência.

Observe que a distância do centro a qualquer ponto da circunferência é sempre a mesma.

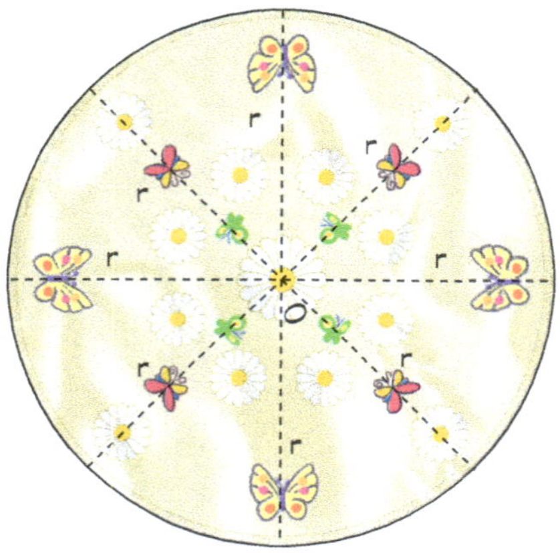

Circunferência é o conjunto de todos os pontos de um plano que estão a uma mesma distância de um ponto dado, denominado **centro**. O é o centro da circunferência.

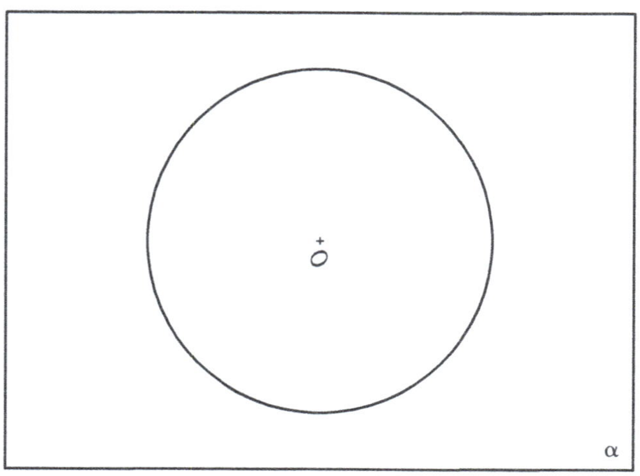

O tecido recortado para a confecção da toalha nos dá a ideia de círculo.

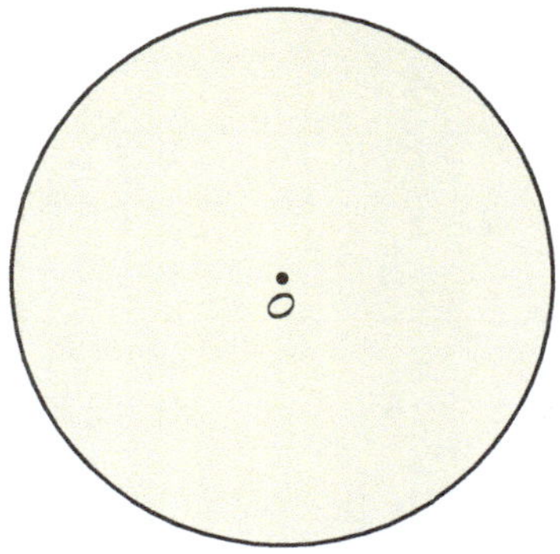

Círculo é a reunião da circunferência com sua região interna.

Elementos de uma circunferência

O raio, a corda e o diâmetro são os elementos da circunferência, explicados a seguir.

- **Raio**: qualquer segmento cujas extremidades são o centro e um ponto da circunferência.

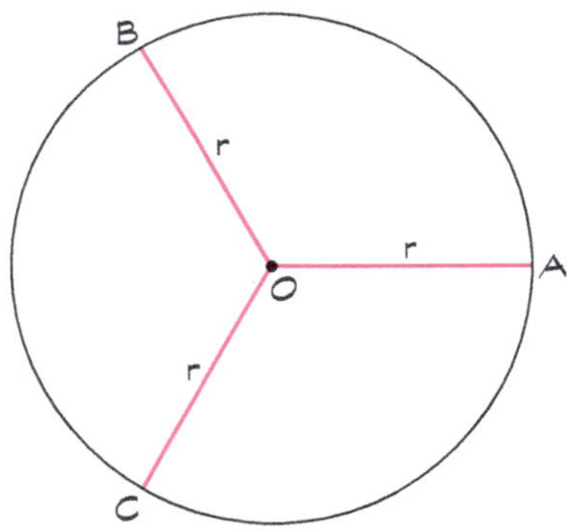

r indica a medida do raio

$\overline{OA}$, $\overline{OB}$ e $\overline{OC}$ são raios.

- **Corda**: qualquer segmento cujas extremidades são pontos distintos da circunferência.

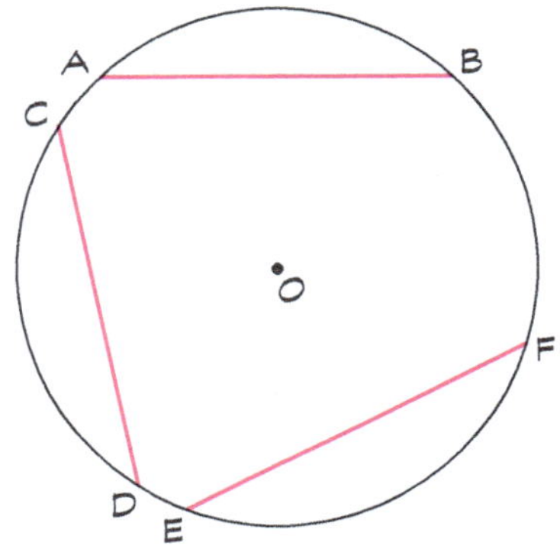

$\overline{AB}$, $\overline{CD}$ e $\overline{EF}$ são cordas.

- **Diâmetro**: toda corda que passa pelo centro da circunferência. É a maior corda de uma circunferência.

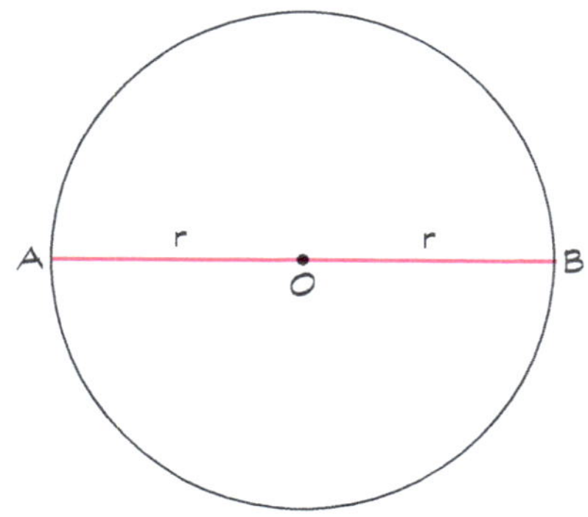

$\overline{AB}$ é um diâmetro.

Observe que a medida do diâmetro é o dobro da medida do raio: d = 2 r.

diâmetro

Subconjuntos de uma circunferência

O arco e a semicircunferência são subconjuntos de uma circunferência, explicados a seguir.

- **Arco**: parte da circunferência determinada por dois de seus pontos.

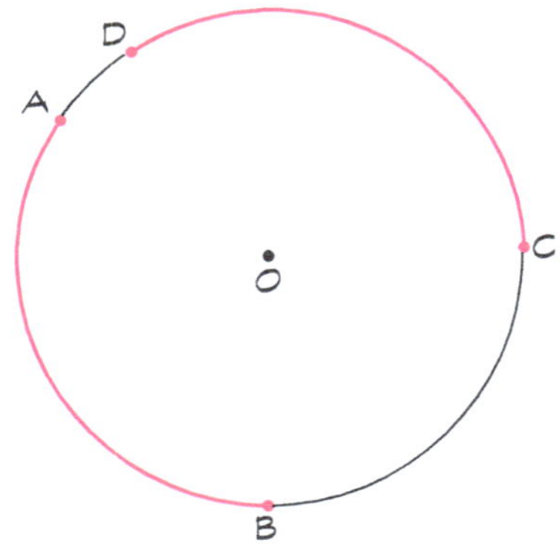

símbolo de arco

$\overset{\frown}{AB}$, $\overset{\frown}{CD}$ são arcos.

- **Semicircunferência**: arco determinado pelas extremidades de um diâmetro. Sua medida é a metade do comprimento da circunferência.

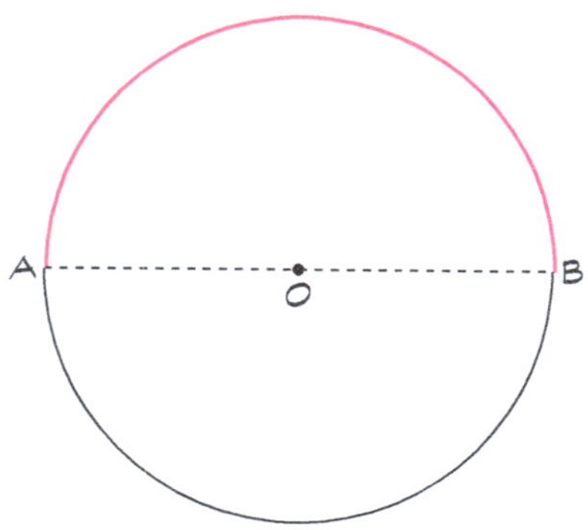

Traçado de uma circunferência com o compasso

Siga os passos da construção de uma circunferência de raio igual a 2,0 cm.

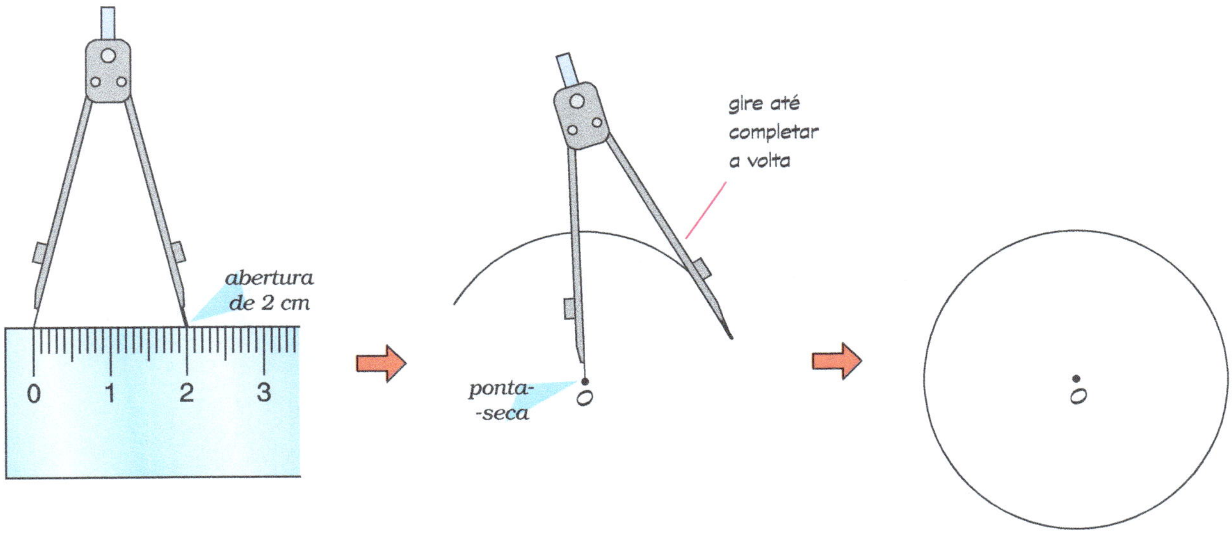

ATIVIDADES

1 Complete o diagrama e descubra a palavra em destaque:

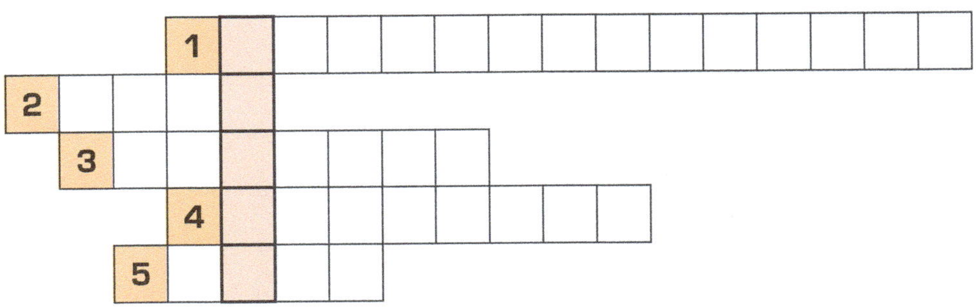

1 Conjunto dos pontos de um plano que estão a uma mesma distância de um ponto dado.

2 Parte da circunferência determinada por dois de seus pontos.

3 Reunião de uma circunferência com sua região interna.

4 Maior corda de uma circunferência.

5 Segmento determinado pelo centro e por um ponto da circunferência.

Ao completar o diagrama, você determinou um elemento da circunferência. Defina esse elemento.

____

____

2 Associe cada uma das imagens à ideia de círculo ou de circunferência:

Purestock

bambolê

____

PhotoDisc

aro da cesta de basquete

____

Sérgio Dotta Jr./The Next

mostrador de relógio

____

ADS

moeda

____

3 Nas fotos abaixo, as portas apresentam forma de arco. Em qual delas o arco é uma semicircunferência?

porta A

porta B

____

4 Identifique os elementos da circunferência:

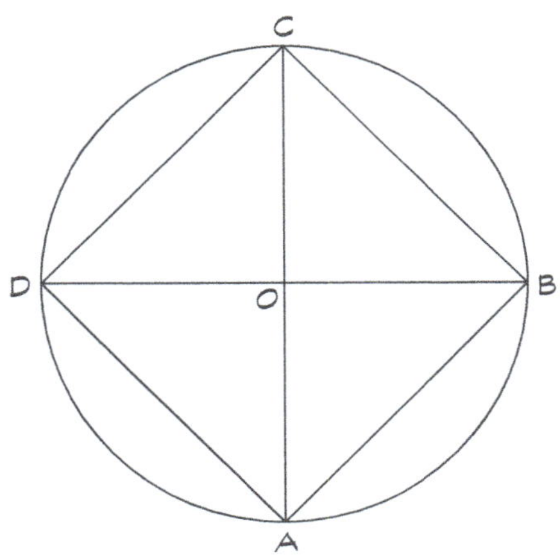

a) O _______________

b) $\overline{AB}$ _______________

c) $\overline{AC}$ _______________

d) $\overline{OA}$ _______________

e) $\overline{BD}$ _______________

f) $\overline{AD}$ _______________

5 Usando a régua, determine, em centímetros, a medida do raio e do diâmetro das circunferências:

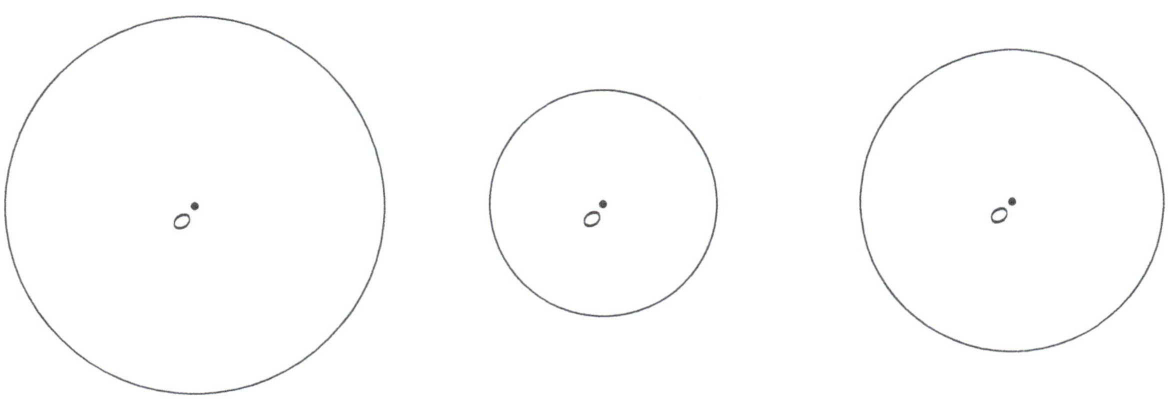

_______________ _______________ _______________

_______________ _______________ _______________

6 Trace as circunferências:

- com centro em O e raio igual a 3,0 cm;
- com centro em P e raio igual a 25 mm;
- com centro em Q e diâmetro igual a 40 mm;
- com centro em X e raio r.

7 Utilizando o compasso e a régua, trace a circunferência de diâmetro $\overline{AB}$:

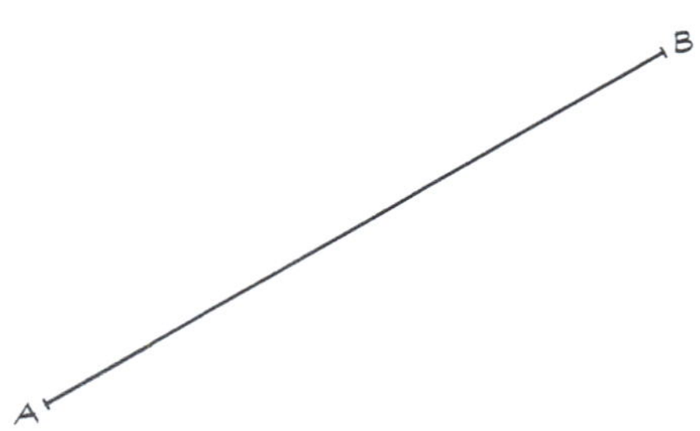

8 Trace a semicircunferência $\overset{\frown}{AB}$ sabendo que ela está contida em uma circunferência de centro O:

9 Trace a circunferência de centro em A e raio igual a 2,5 cm. A circunferência intercepta a reta r nos pontos B e C. Localize-os.

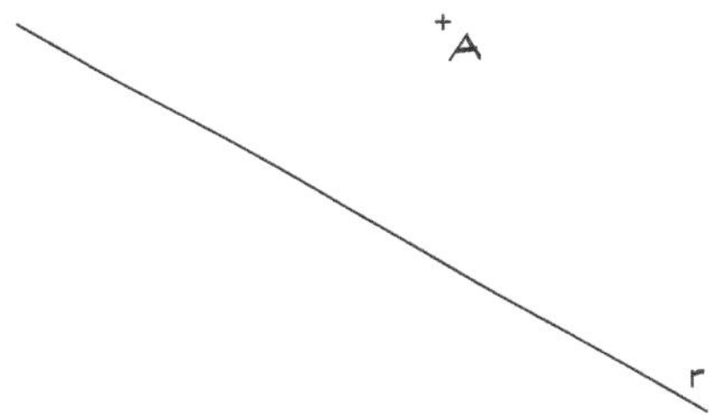

10 Trace duas circunferências: uma de centro em A e raio igual a 2,0 cm e outra de centro em B e raio igual a 3,0 cm. Determine C e D, pontos de interseção das duas circunferências.

Trace as retas $\overleftrightarrow{AB}$ e $\overleftrightarrow{CD}$ e diga se elas são perpendiculares:

____

11 Trace a mediatriz da corda $\overline{AB}$:

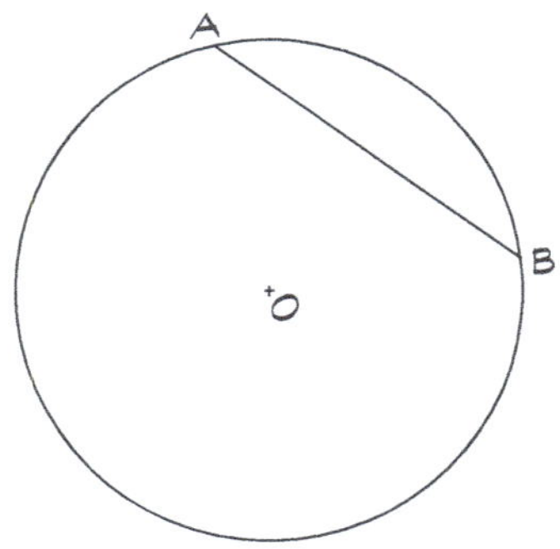

A mediatriz passa pelo centro O? ____________

12 É comum encontrar nas cidades brasileiras crianças brincando de empinar pipas.

Mas a brincadeira pode ser perigosa, se alguns cuidados não forem tomados:

- procure sempre empinar pipas em locais amplos, como praias, campos e pastos, longe de obstáculos como rede elétrica, ruas movimentadas, edificações, árvores etc.
- procure usar linhas comuns, de náilon ou algodão. Não use cerol (linha cortante), pois seu uso pode causar acidentes fatais.

Os historiadores acreditam que a pipa tenha sido inventada entre 400 a.C. e 300 a.C. por Arquitas, um grego, mas os chineses afirmam que um de seus generais a inventou em 206 a.C. para uso militar.

No Brasil, a ideia da pipa foi trazida pelos portugueses durante a época da colonização, e hoje são conhecidas, nas regiões brasileiras, por vários nomes: arraia, pandorga, cafifa, quadrado, maranhão, entre outros.

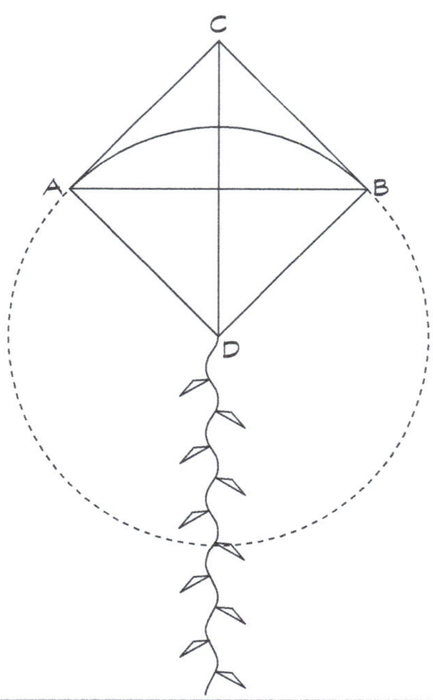

Observe, agora, o esquema de construção de uma pipa raia:

Complete:

a) A vareta de extremidades A e B nos dá ideia de

____

b) A linha de extremidades A e B nos dá ideia de

____

c) Diga se a linha de extremidades A e B e a vareta de extremidades C e D são perpendiculares. ______

ALGO A MAIS

Rosácea

Repare nas imagens de duas catedrais francesas:

BL Images Ltd/Alamy/Other Images

Catedral de Notre-Dame, Paris.

Paul Shawcross/Alamy/Other Images

Catedral de Notre-Dame, Laon.

As fachadas principais apresentam uma ornamentação chamada rosácea.

A rosácea é um elemento arquitetônico característico do período gótico. Consiste de uma abertura circular onde uma estrutura de pedras é preenchida com vidros coloridos que representam pétalas estilizadas de uma rosa.

Observe duas rosáceas encontradas nas catedrais francesas:

Malcolm Park/Alamy/Other Images

Rosácea no interior da Catedral de Laon.

Peter Barritt/Alamy/Other Images

Rosácea no interior da Catedral de Notre-Dame.

Traçando arcos, é possível formar diferentes desenhos em uma circunferência, como nas rosáceas. Veja um exemplo:

Acompanhe, passo a passo, o traçado da construção dessa figura em que se utiliza sempre o mesmo raio:

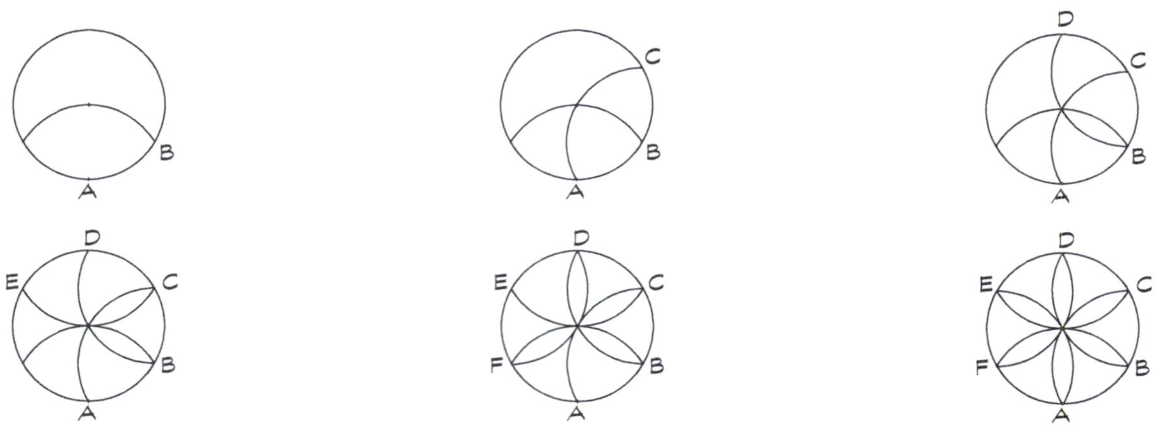

É possível criar diferentes figuras empregando esse processo. Observe algumas delas:

Sugestões de leitura

BIANCHINI, Edwaldo; PACCOLA, Herval. *A Matemática tem razão*. 3. ed. São Paulo: Moderna, 1998. (Curso de Matemática).

CIÊNCIA HOJE DAS CRIANÇAS. Rio de Janeiro: Instituto Ciência Hoje.

IMENES, Luiz Márcio. *Geometria das dobraduras*. 7. ed. São Paulo: Scipione, 2005. (Vivendo a Matemática).

IMENES, Luiz Márcio; LELLIS, Marcelo. *Descobrindo o teorema de Pitágoras*. 14. ed. São Paulo: Scipione, 2006. (Vivendo a Matemática).

____________. *Geometria dos mosaicos*. 12. ed. São Paulo: Scipione, 2005. (Vivendo a Matemática).

IMENES, Luiz Márcio; LELLIS, Marcelo Cestari; JAKUBOVIC, José. *Ângulos*. São Paulo: Atual, 1992. (Pra que serve Matemática?).

____________. *Frações e números decimais*. São Paulo: Atual, 1992. (Pra que serve Matemática?).

____________. *Proporções*. São Paulo: Atual, 1992. (Pra que serve Matemática?).

____________. *Semelhança*. São Paulo: Atual, 1992. (Pra que serve Matemática?).

MACHADO, Nilson José. *Medindo comprimentos*. 16. ed. São Paulo: Scipione, 2006. (Vivendo a Matemática).

____________. *Os poliedros de Platão e os dedos da mão*. 8. ed. São Paulo: Scipione, 2006. (Vivendo a Matemática).

____________. *Polígonos, centopeias e outros bichos*. 9. ed. São Paulo: Scipione, 2006. (Vivendo a Matemática).

____________. *Semelhança não é mera coincidência*. 7. ed. São Paulo: Scipione, 2006. (Vivendo a Matemática).

SMOOTHEY, Marion. *Atividades e jogos com ângulos*. São Paulo: Scipione, 2002. (Investigação matemática).

____________. *Atividades e jogos com áreas e volumes*. São Paulo: Scipione, 2005. (Investigação matemática).

____________. *Atividades e jogos com círculos*. São Paulo: Scipione, 1998. (Investigação matemática).

____________. *Atividades e jogos com escalas*. São Paulo: Scipione, 2005. (Investigação matemática).

____________. *Atividades e jogos com estimativas*. São Paulo: Scipione, 2005. (Investigação matemática).

____________. *Atividades e jogos com formas*. São Paulo: Scipione, 1998. (Investigação matemática).

____________. *Atividades e jogos com quadriláteros*. São Paulo: Scipione, 2006. (Investigação matemática).

____________. *Atividades e jogos com triângulos*. São Paulo: Scipione, 2005. (Investigação matemática).

Jox

Caro aluno

As atividades a seguir, compostas de exercícios complementares, relacionados aos conteúdos desenvolvidos em cada capítulo do livro, têm por objetivo permitir que você faça uma verificação do aprendizado, levando, ainda, à ampliação e ao aprofundamento dos conhecimentos adquiridos.

As atividades sugeridas poderão ser destacadas, resolvidas em casa e entregues ao professor, em datas previamente estabelecidas, para serem corrigidas.

Caso apareçam dúvidas na resolução das atividades, é interessante que se faça uma revisão do conteúdo desenvolvido no capítulo.

É importante também que as atividades sejam feitas com antecedência, tomando-se alguns cuidados básicos com a apresentação, a organização, a limpeza e a precisão dos traçados.

Espero que as atividades propostas neste bloco o auxiliem no bom desenvolvimento do curso de Desenho Geométrico.

Bom trabalho!

A autora

Escola: ______________________________

Aluno: ______________________________

Número: ________ Classe: ________ Data: ______________

Você já deve ter visto vários objetos que têm o formato de cubo, como os abaixo:

Iara Venanzi/kino.com.br

dado

Léo Burgos

peças do Material Dourado

Paschoal Rodrigues/Editora Abril

cubo mágico

Veja a planificação de um cubo:

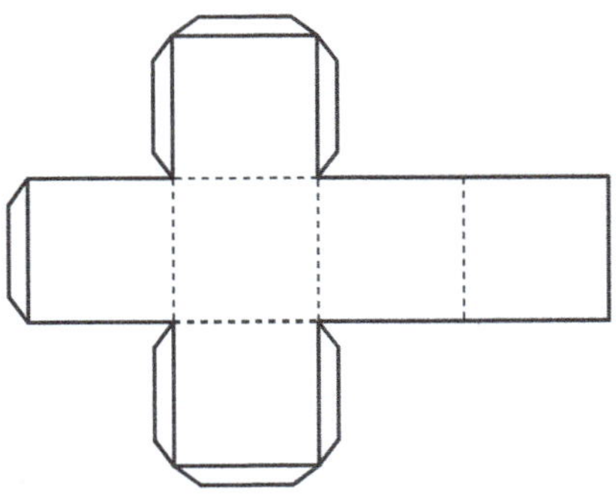

Para montá-lo, basta dobrar nas linhas tracejadas e unir as demais.

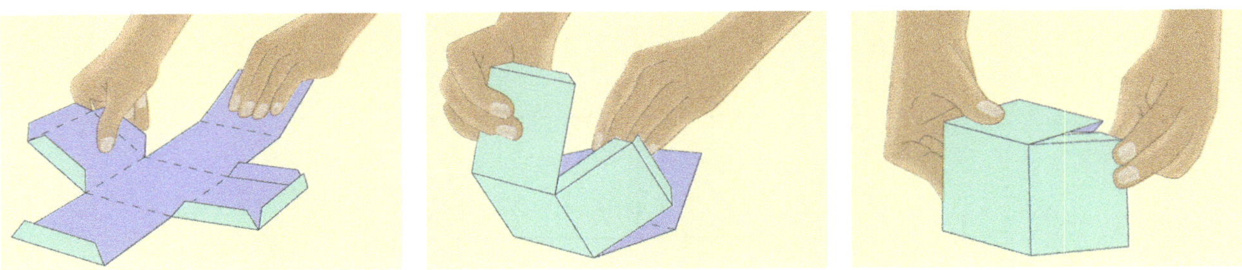

Rob

Mas será que essa planificação é a única? Ela não é a única, há outras formas de planificação.

1 A seguir, apresentamos algumas planificações. Tente descobrir quais delas formam um cubo e assinale-as.

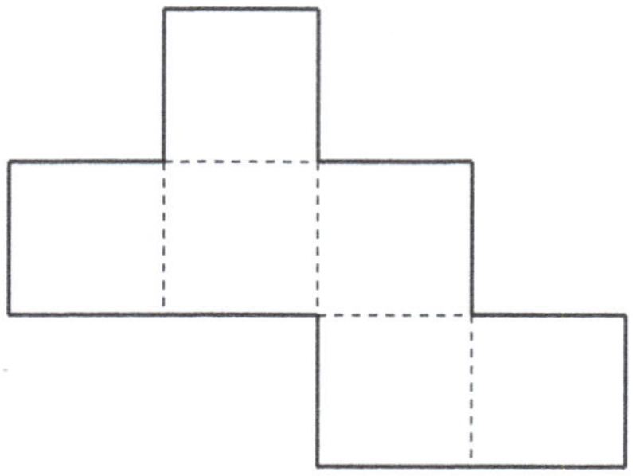

( )

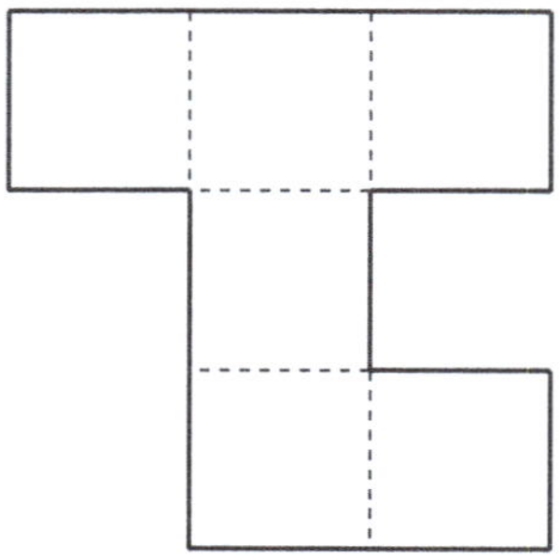

( )

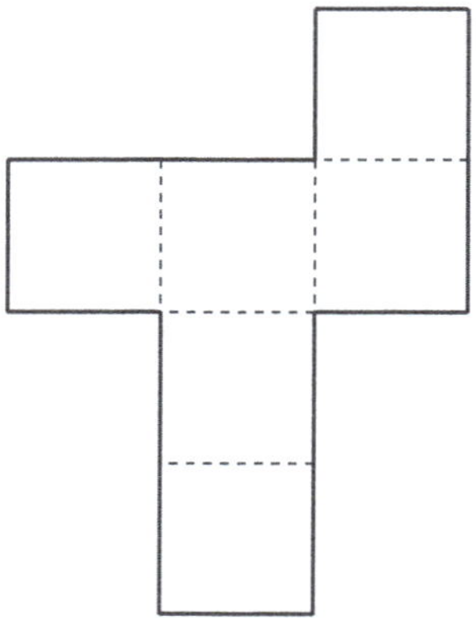

( )

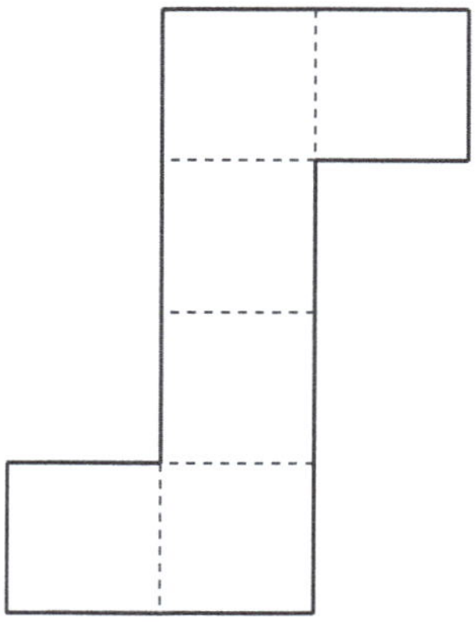

( )

2 O dado tem a forma de cubo. Vamos estudar suas faces.

Os dados possuem suas faces numeradas de um a seis. Esses números não estão dispostos de modo aleatório: os números de duas faces opostas sempre somam sete. Por exemplo, na face oposta ao seis, está o um.

Desenhe os pontos que estão faltando nas faces da planificação do cubo:

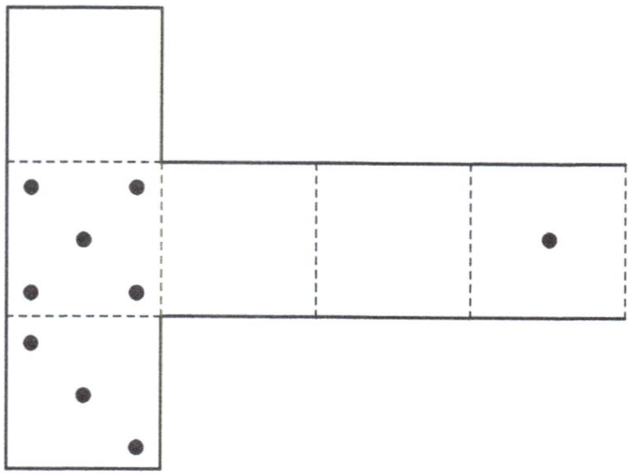

Escola:

Aluno:

Número: ______ Classe: ______ Data:

1 Um professor propôs aos alunos que calculassem as dimensões da quadra de basquete da escola utilizando como unidade de medida os pés deles calçados.

Para facilitar a tarefa, Fernanda e Guilherme optaram pela seguinte estratégia: ele mediria o comprimento, e ela, a largura.

Rob

Fernanda mediu 68 pés de largura, e Guilherme, 112 pés de comprimento.

Voltaram à sala de aula e apresentaram o resultado ao professor.

a) Sabendo que o número do calçado de Fernanda é 35 e o de Guilherme 38, responda: o resultado encontrado é confiável? Por quê?

b) Considere que um calçado de número 35 tem 22 cm de comprimento e que um calçado de número 38 tem 25 cm. Qual seria, aproximadamente, o valor obtido por Fernanda se ela tivesse feito a medição do comprimento?

E qual seria, aproximadamente, o valor obtido por Guilherme se ele tivesse feito a medição da largura?

c) Utilizando as medidas (comprimento e largura) encontradas por Fernanda, quais seriam as dimensões, em metros, daquela quadra de basquete?

d) Se Fernanda desse uma volta completa na quadra, quantos metros, aproximadamente, percorreria?

2 O estádio Cícero Pompeu de Toledo, mais conhecido como estádio do Morumbi, situado na cidade de São Paulo, é um dos maiores estádios particulares do mundo. Tem capacidade para 80000 torcedores, e as dimensões de seu campo são: 108 m de comprimento por 72 m de largura.

Fernando Santos/Folha Imagem

Estádio do Morumbi, em São Paulo (SP).

Complete o desenho de um campo de futebol, empregando as técnicas de traçado que estudou no capítulo 3. Para auxiliá-lo, é dado um modelo da figura que você deve obter.

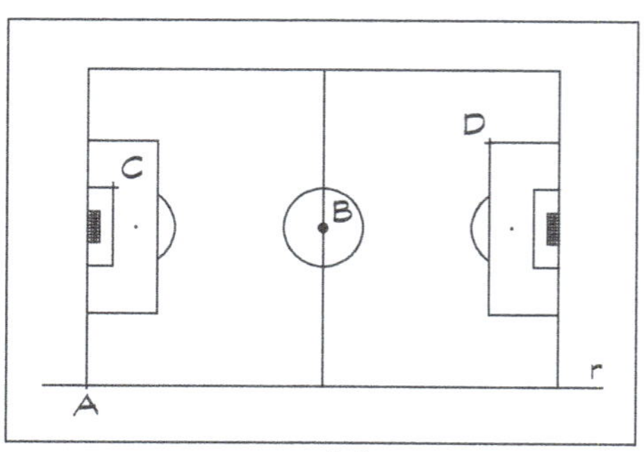

modelo

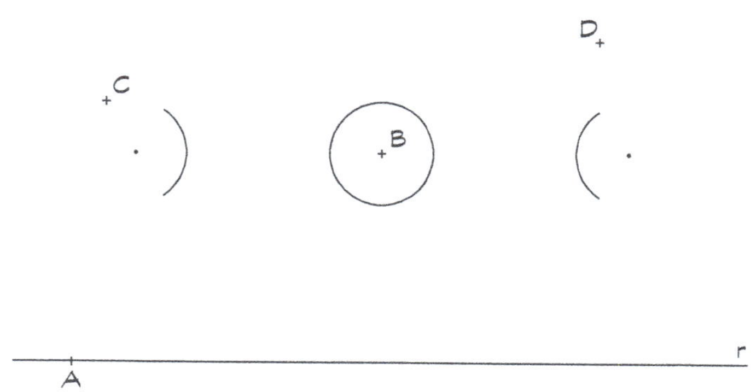

Escola: ______________________________

Aluno: ______________________________

Número: __________ Classe: __________ Data: ______________________________

1 Observe abaixo a foto da Torre de Pisa, na Itália. Usando o transferidor, determine o ângulo entre a torre e a linha do solo.

Valdemir Cunha/Editora Abril

Torre de Pisa, Itália.

____

2 Em uma partida de futebol, o time local está no ataque, e a bola está com o jogador situado em A.

Rob

Os demais pontos indicam a posição de outros jogadores de seu time. Do ponto A, o ângulo pelo qual o jogador vê o gol é pequeno: apenas 20°.

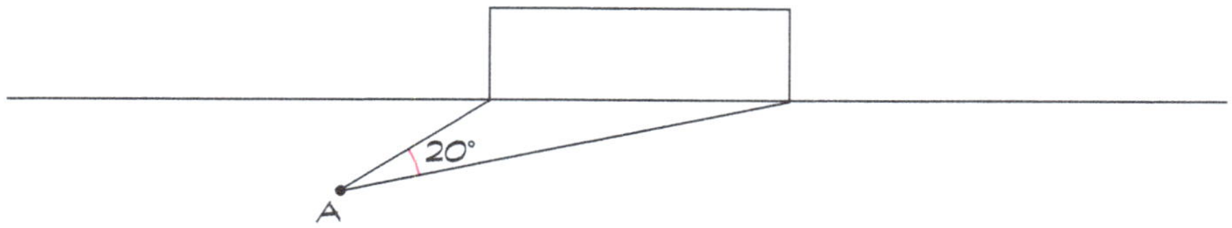

Há pouca chance de ele acertar o gol. Por isso, decide passar a bola para o companheiro que está em uma posição em que vê o gol pelo maior ângulo.
Para descobrir para qual jogador foi passada a bola, trace o ângulo pelo qual cada jogador enxerga o gol e meça-o com o transferidor. Depois, responda: para quem foi passada a bola?

---

3 Nos Jogos Pan-americanos e nas Olimpíadas, a maioria das provas de natação é realizada em piscina de 50 m de comprimento por 25 m de largura e 2 m de profundidade, dividida em oito raias.

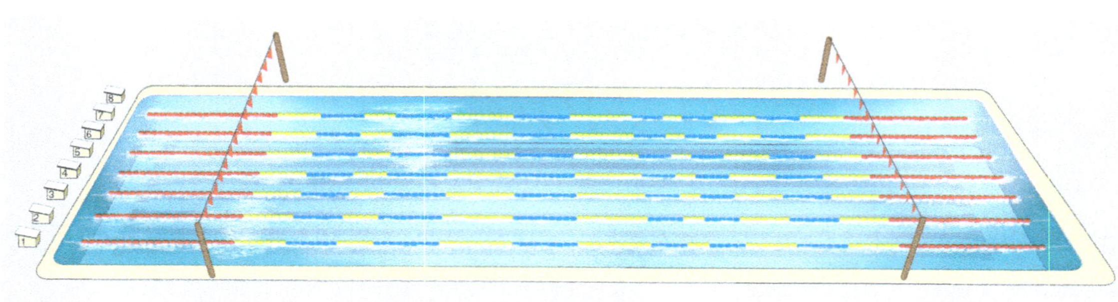

Rob

O nadador salta de um bloco chamado **bloco de partida** que tem altura de 50 cm a 75 cm, superfície de 50 cm por 50 cm e inclinação de no máximo 10° em relação à horizontal. Veja ao lado a posição de um nadador no momento de largada.
Será que a inclinação do bloco está de acordo com a regra estabelecida? Verifique utilizando o transferidor.

Mike Powell/Allsport Concepts/Getty Images

Escola: ______________________________

Aluno: ______________________________

Número: __________ Classe: __________ Data: ______________________________

1 Observe a imagem:

Em qual das seguintes reproduções foi empregada apropriadamente uma escala?

( )   ( )   ( )

2 O mapa retrata a região Nordeste do Brasil.

Ele foi construído na escala 1 : 25 000 000, isto é, cada 1,0 cm no mapa corresponde a 25 000 000 cm ou 250 km em dimensões reais. Por exemplo, se medirmos no mapa a distância de Salvador a Natal, encontraremos 3,6 cm. E, para determinarmos, em quilômetros, a distância real aproximada entre essas duas capitais, basta multiplicarmos $3,6 \cdot 250$. Dessa forma, obtemos 900 km.

Utilizando o mesmo mapa, calcule as distâncias reais aproximadas entre as seguintes capitais nordestinas:

a) Salvador-Fortaleza: ______________________

b) Maceió-Salvador: ______________________

c) São Luís-Fortaleza: ______________________

3 Em muitos encartes publicitários não se emprega a mesma escala para todos os produtos. Repare nas imagens apresentadas em um mesmo folheto:

A tabela abaixo fornece a altura de cada produto nas imagens e a escala utilizada. Determine a altura real aproximada desses produtos e complete a tabela.

produto	altura da imagem (cm)	escala	altura real (cm)
leite	2,8	1 : 6	
achocolatado	3,5	1 : 3	
lata de ervilhas	2,8	1 : 3	

Escola: ______________________________

Aluno: ______________________________

Número: ________ Classe: ________ Data: ________________

1 Observe a tela do artista plástico Luiz Sacilotto:

Concreção 8724, de Luiz Sacilotto, 1987. Têmpera vinílica sobre tela, 80 cm × 120 cm.

As linhas poligonais traçadas são paralelas entre si.

Agora, trace as paralelas à poligonal dada na figura a seguir, partindo dos pontos A, B, C e D. Utilize o par de esquadros.

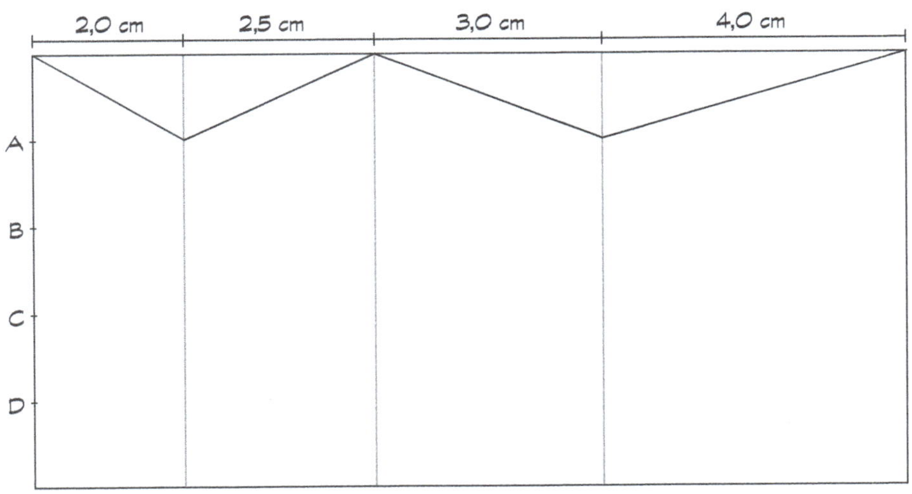

Após traçar as paralelas, pinte a figura formada.

2 Observe a figura:

Ela é formada por regiões pintadas de diferentes cores.
De acordo com a cor, classifique cada região em **convexa** ou **não convexa**:

a) laranja: ______________________ c) amarela: ______________________

b) verde: ______________________ d) azul: ______________________

3 Traçando um único segmento de reta é possível transformar todas as regiões da figura acima em convexas. Trace esse segmento na figura abaixo e, em seguida, pinte a figura.

4 Traçando uma linha poligonal formada por cinco segmentos de reta, divida a seguinte figura em duas partes iguais:

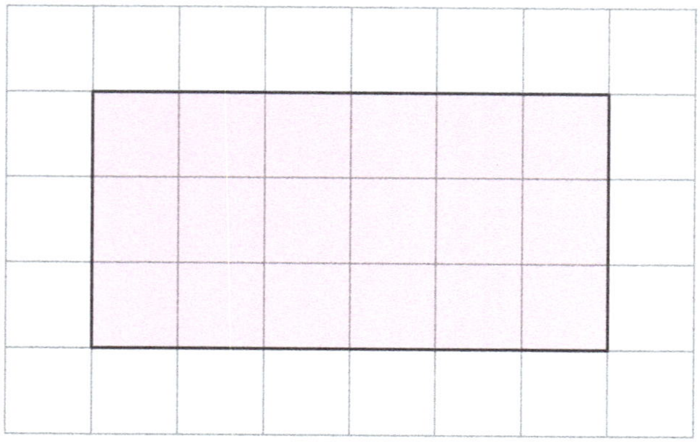

Escola: ______

Aluno: ______

Número: ______ Classe: ______ Data: ______

1 O elefante representado abaixo foi construído utilizando-se as peças do Stomachion.

Dessas peças:

a) quantas são triângulos? ______

b) quantas são quadriláteros? ______

c) quantas são pentágonos? ______

2 Observe, na imagem, as abelhas e seus favos de mel:

Digital Vision

a) Na imagem, a entrada de cada alvéolo tem a forma de um polígono regular. Que polígono é esse?

______

b) Na figura a seguir, inspirada no favo de mel, é possível descobrir a medida do ângulo interno desse polígono regular.

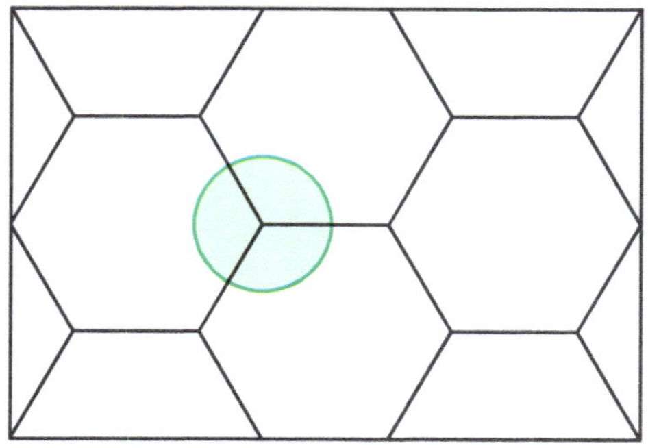

Complete corretamente as sentenças:

- A medida dos ângulos internos de um ______________ regular é ______________.
- A soma das medidas dos ângulos internos de um ____________ regular é ________.

3 Veja o mosaico construído com octógonos regulares e quadrados:

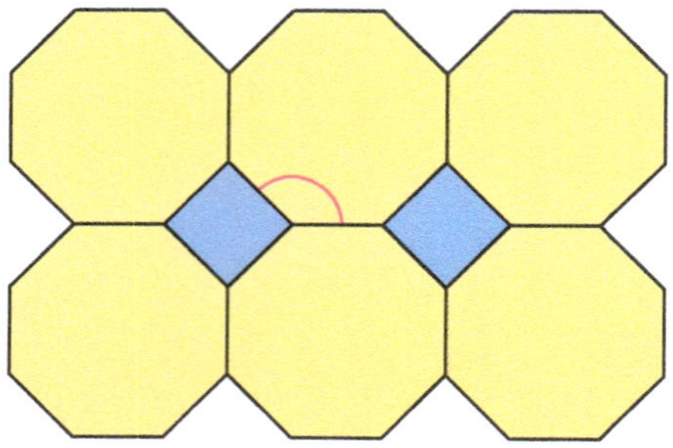

a) Calcule a medida do ângulo interno de um octógono regular. ____________

b) Determine a soma dos ângulos internos de um octógono regular. ____________

4 Com o par de esquadros e o compasso, construa o quadrado ABCD, sabendo que M é o ponto médio de suas diagonais:

Escola: ____

Aluno: ____

Número: __________ Classe: __________ Data: ____________________

1 Use sua criatividade e desenhe diferentes figuras com arcos de circunferência. Para auxiliá-lo, as circunferências já estão divididas em partes iguais.

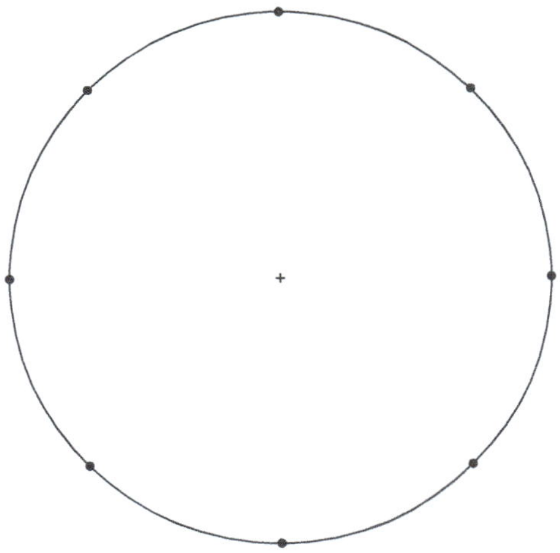

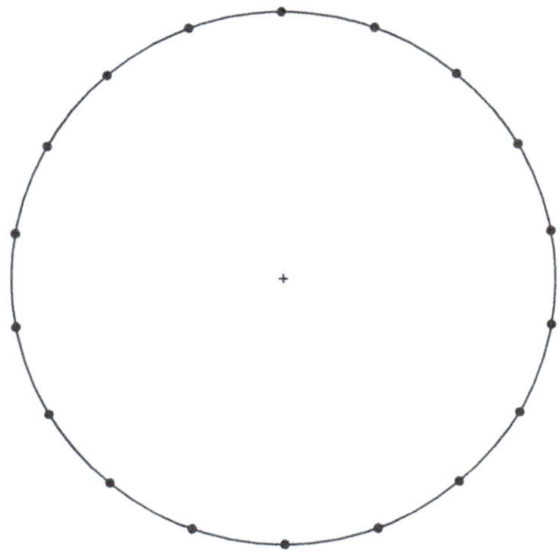

Sugestão: ao terminar seus desenhos, pinte-os para realçar as figuras criadas.

2 Você também pode formar figuras com polígonos regulares. Veja:

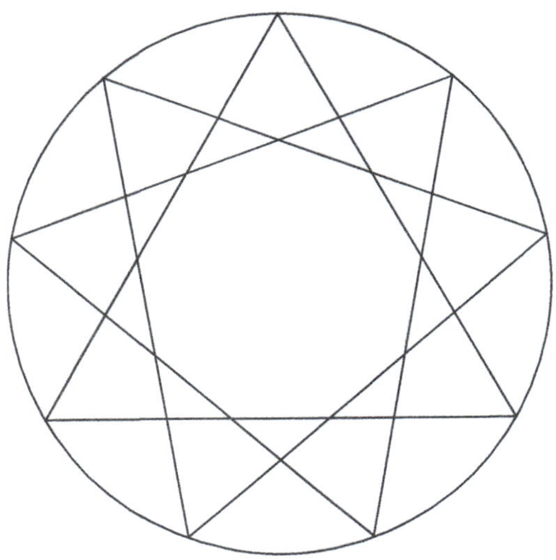

Essa "estrela" foi construída pela sobreposição de três triângulos equiláteros.

Agora, termine esta outra "estrela". Um dos triângulos já foi traçado.

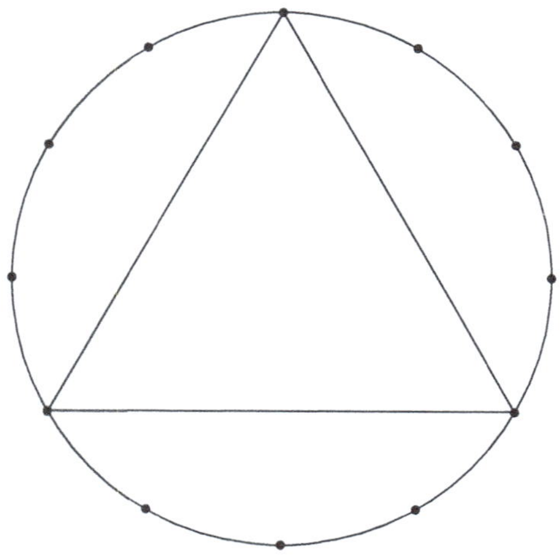

3 Trace a mediatriz de $\overline{AB}$ e de $\overline{BC}$ e determine D, ponto de interseção das mediatrizes traçadas:

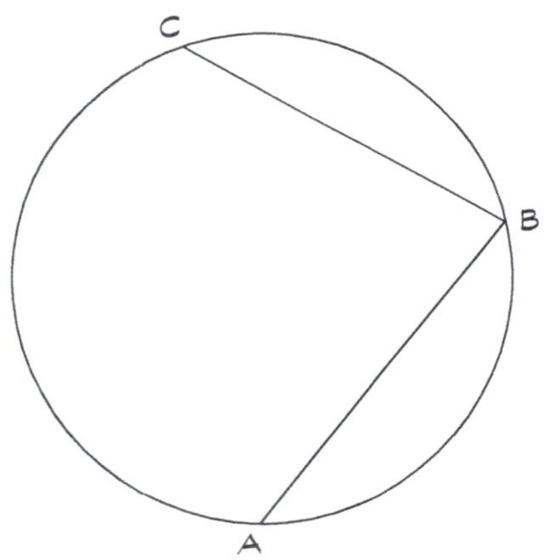

O ponto D é o centro da circunferência que contém os pontos A, B e C?